全国青少年校外教育活动指导教程丛书

U0733971

青少年
Arduino入门

蒋长荣　张云翼　毛　峰　著

WUHAN UNIVERSITY PRESS
武汉大学出版社

图书在版编目(CIP)数据

青少年 Arduino 入门/蒋长荣,张云翼,毛峰著 . —武汉:武汉大学出
版社,2017.6
全国青少年校外教育活动指导教程丛书
ISBN 978-7-307-17458-0

Ⅰ.青… Ⅱ.①蒋… ②张… ③毛… Ⅲ.单片微型计算机—程
序设计—青少年读物 Ⅳ.TP368.1 – 49

中国版本图书馆 CIP 数据核字(2017)第 067170 号

责任编辑:邓 瑶 责任校对:周卫思 装帧设计:谷 峰

出版发行:**武汉大学出版社** (430072 武昌 珞珈山)
(电子邮件:whu_publish@163.com 网址:www.stmpress.cn)
印刷:武汉市金港彩印有限公司
开本:720×1000 1/16 印张:7.25 字数:113 千字
版次:2017 年 6 月第 1 版 2017 年 6 月第 1 次印刷
ISBN 978-7-307-17458-0 定价:33.00 元

前　言

　　Arduino 是一款开源免费的软硬件平台，它起源于意大利，随后很快风靡全球。Arduino 在中国也得到了广泛关注，有关它的学习资料已经非常丰富。然而，这些资料主要是针对成人的，针对中小学生的，特别是针对小学生的却很少。本书则是针对中小学生，特别是针对小学生撰写的。它不仅介绍了 Arduino 的大致原理，还阐述了其使用方法，从而使学生更深入地了解单片机，为其发明创造打好基础。本书可作为中小学生 Arduino 爱好者的自学教材，也可以作为中小学校和校外教育机构智能控制兴趣小组的参考教材。

　　本书共分三个单元。第一单元主要介绍常用的基本元器件及面包板的使用。所谓"磨刀不误砍柴工"，建议中小学生弄懂面包板的使用方法后再阅读后面的内容。如果作为教材，建议教师根据学生情况，将本单元扩充，以使学生更好地掌握。第二单元主要介绍 Arduino UNO 的安装及简单元器件的控制，阐述了简单的 Arduino 控制元器件输出的方法。第三单元主要介绍简单数字传感器和简单模拟传感器的使用，主要涉及简单的数字量输入和模拟量输入。书中介绍了不少的实例，这些实例都通过了教学实践的检验，大部分小学高年级学生都可以理解。

　　本书是作者多年教学经验的总结。然而，由于作者水平有限，书中错误在所难免，请广大读者批评指正！

蒋长荣

2016 年 10 月 11 日

目录 / CONTENTS

第一单元　基本元器件及面包板的使用

第二单元　Arduino UNO 的安装及简单元器件的控制

第三单元　简单数字传感器和简单模拟传感器的使用

第一单元
基本元器件及面包板的使用

第一节
电路及几种基本的元器件

一、电路和电路图

电路是根据某种需要，将各种不同电子元器件、电器设备等按照一定的方式连接起来组成的电流通路。电路主要由电源、用电器、导线、开关等组成。图 1-1-1 就是一个简单的电路，它由电池（电源）、导线、小灯泡（用电器）和开关组成。

电路图就是用规定的符号代表实际电路中的元器件和设备，是反映实际电路连接方式的图形符号。图 1-1-2 就是图 1-1-1 电路的电路图。一个电路图可以代表许多不同的实际连接电路。因为电路图是由各种符号组成的，所以我们首先要明白其各种符号的含义。

图 1-1-1　简单电路

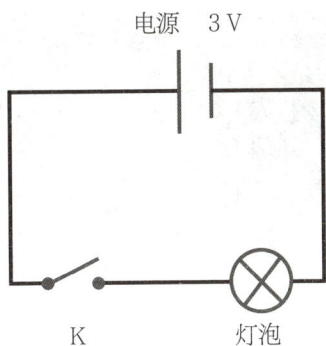

图 1-1-2　电路图

二、电流和电压

电灯之所以能够发光、电机之所以能够转动都是因为有电流流过。电流的方向是从电源正极流出，经过用电器，流向电源负极。电流的大小用电流强度表示，它的单位是安培，用"A"表示。常用的单位还有毫安（mA）、微安（μA）。生活中常用的电有交流电和直流电之分，如由电线接到居民楼的电就是交流电，而干电池提供的电是直流电。

就像水流动需要水位差一样，电路中电流流动也需要电位差，电位差也叫电压。如果要保证电路中有持续的电流就需要维持电路两端有电压。电压用符号"U"表示，它的单位是伏特（V），简称伏。常用的单位还有千伏（kV）、毫伏（mV）。常见南孚电池（图 1-1-3）的电压是 1.5V，装了两节南孚电池的电池盒做电源时输出的电压是 3V，如图 1-1-4 所示。

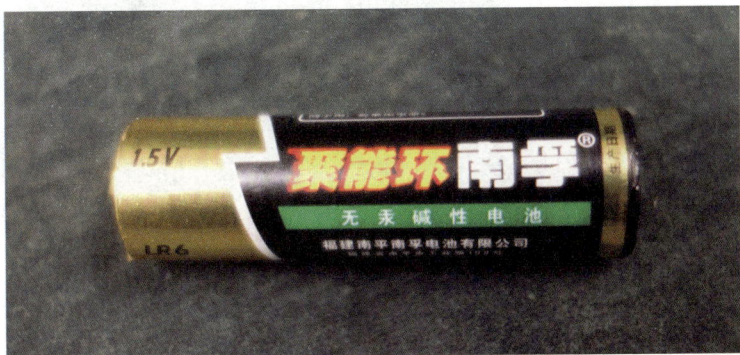

图 1-1-3　南孚电池

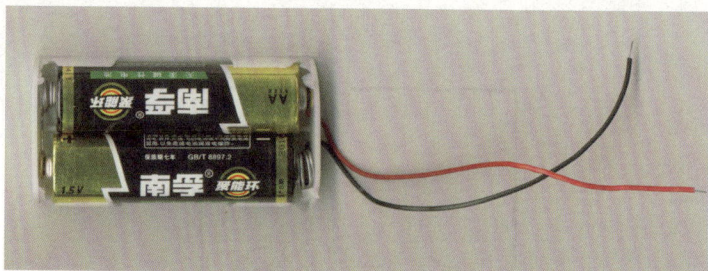

图 1-1-4　装了两节南孚电池的电池盒

三、发光二极管

发光二极管（LED）是一种能发光的电子元器件。以前由于发光效率低，它主要被用于指示灯。随着 LED 制作技术的发展，它的发光效率越来越高，已经逐渐被应用到更多的领域，如新生产出来的手电筒基本都是 LED 的，LED 电子屏已经被广泛应用，LED 路灯也开始在街道、社区出现。

发光二极管有许多不同的形态，较常见的是圆形封装的管子，如图 1-1-5 所示。发光二极管有红色、绿色、黄色、蓝色等不同的颜色。发光二极管要想正常发光就需要合适的电压，不同颜色的发光二极管所需要的电压不太一样。发光二极管有"两条腿"，一条"长腿"，一条"短腿"，"长腿"接正极，"短腿"接负极。

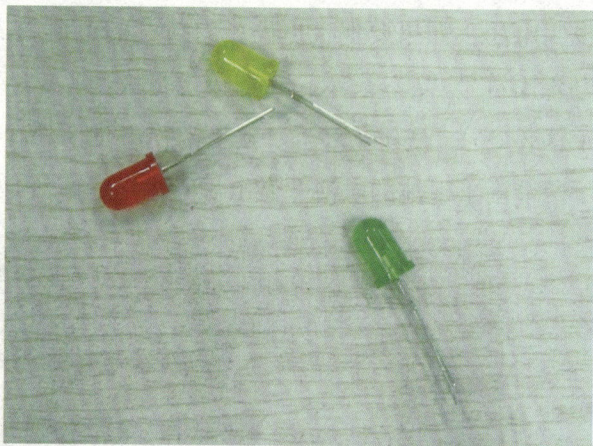

四、开关

开关是控制电路闭合与断开的元器件，它有很多不同的种类和外观。

图 1-1-5　发光二极管

本书中常用的开关是轻触开关，它的特点是按下开关，电路闭合；手松开，电路断开，如图 1-1-6 所示。

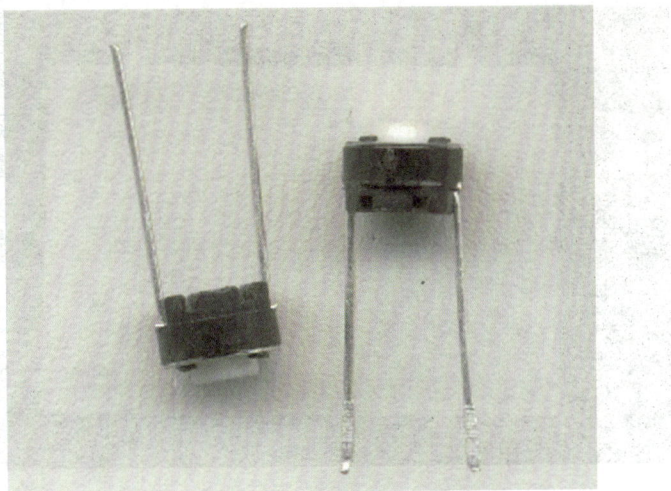

图 1-1-6 轻触开关

五、面包板

如图 1-1-7 所示，面包板又叫万能电路实验板，是搭接电路的常用工具。使用面包板搭接电路具有方便、快捷、无须焊接、元器件可反复使用等优点。从外观上看，面包板是一块纵横密布着很多小孔的工程塑料板，其插孔很像面包中的小洞，因而得名。面包板可以分为三个区域：上电源区、中间元器件区和下电源区。面包板内部各个孔之间的连接关系可由图 1-1-8 看出。

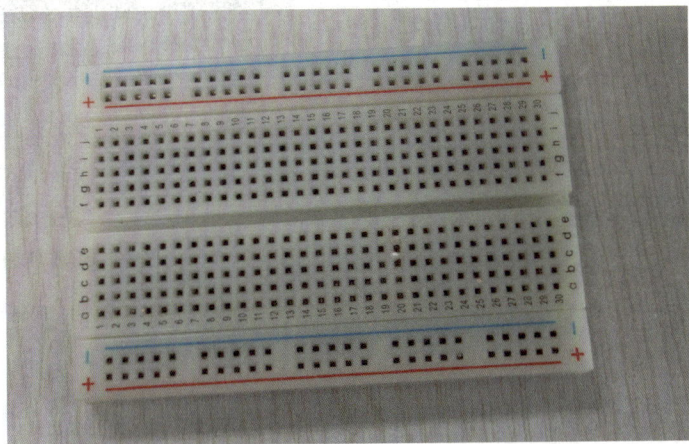

图 1-1-7 面包板

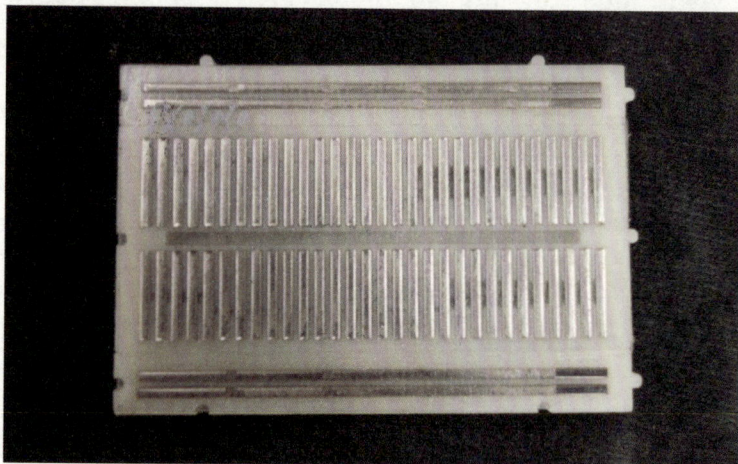

图 1-1-8　面包板内部的连接关系

六、直流电源

实验室中常用的直流电源是将交流电变成低压直流电的设备。图 1-1-9 所示的 YB1730A 型直流电源，它可以输出 0~30V 直流电压，从显示部分的左边可以看出输出电压，从显示部分右边可以看出输出电流。直流电源输出的电压连续可调，大大简化了许多电路实验。

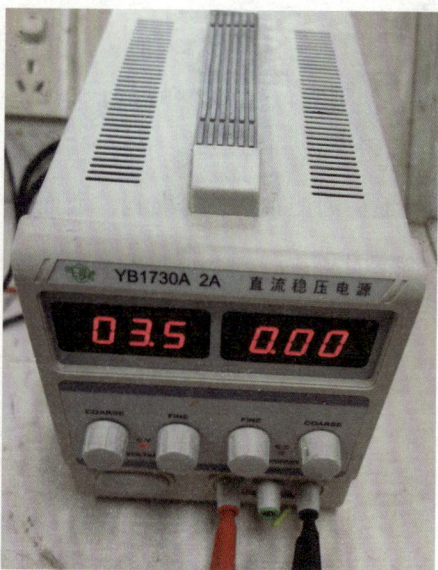

图 1-1-9　YB1730A 型直流电源

七、实验

本书中有大量关于各种发光二极管的实验，因此，了解各种 LED 的发光特性还是非常有必要的。通过本实验，我们要找出不同颜色的发光二极管的电压。

实验方法和步骤：首先按照原理图（图 1-1-10）用面包板搭接电路（实物连接图可参考图 1-1-11），然后调节电压，看发光二极管的发光状态，当电流快速增大而发光强度不增加的时候，说明刚达到该发光强度的电压就是该种 LED 的合理电压。

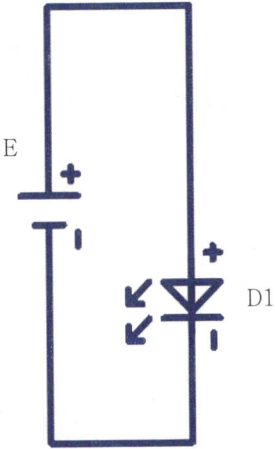

图 1-1-10　实验原理图

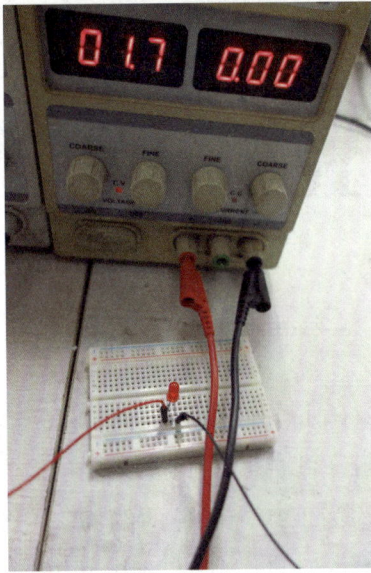

图 1-1-11　实物连接图

练习题

1.三节电池的电池盒输出电压是（　　）V。

2.请写出红色、绿色、黄色、蓝色、白色 LED 的发光电压。

第二节
色环电阻器及万用表的使用

一、电阻器

在上节的实验中我们知道，红色 LED 的发光电压约为 1.9V，绿色的约为 2.2V，但我们常见的电源却不能恰好提供这种电压，如用碱性干电池只能提供 1.5V 及其倍数的电压，锂电池的电压约为 3.7V。如果把红色 LED 直接接在由两节碱性干电池供电的 3V 电源上，轻则会使 LED 大幅老化，缩短使用寿命，重则会被直接烧毁。为了保证 LED 正常发光，不被

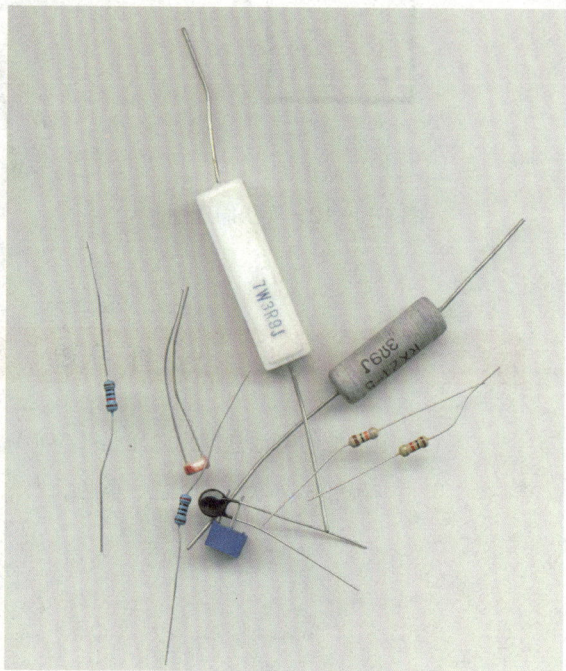

图 1-2-1　各种电阻器

烧毁，我们常用的方法是给 LED 串联一个电阻器限流，分担一部分电压。电阻器的种类有很多种，常见的有固定电阻器、可变电阻器、电位器、热敏电阻器、光敏电阻器等（图 1-2-1），这些电阻器在我们以后的学习中会被逐渐使用。本节主要讲的是一种常用的固定电阻器——色环电阻器。

二、色环电阻器

电阻器的阻值（电阻）一般有两种标记方法，一种是直接印在电阻上，另一种是用色环表示，用色环表示的称为色环电阻器。色环电阻器根据色环的多少又分为四色环电阻器、五色环电阻器等。这两种在电子市场非常常见，如图 1-2-2 和图 1-2-3 所示。色环电阻器根据色环来计算电阻大小，但实际阻值往往与计算出的电阻有偏差，因此引入误差环。色环电阻器误差环也是通过色环标识的，如棕色误差环表示 ±1%，金色误差环表示 ±5%，银色误差环表示 ±10%。

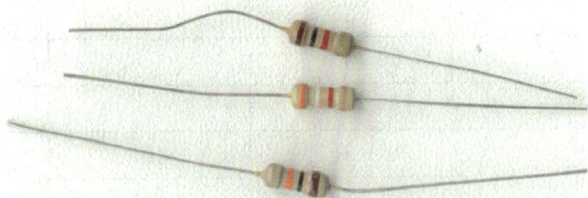

图 1-2-2　四色环电阻器

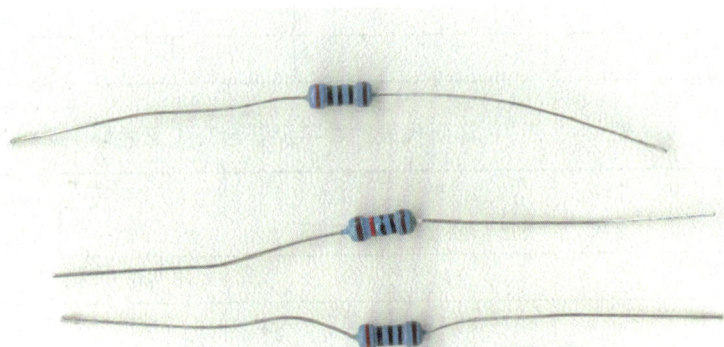

图 1-2-3　五色环电阻器

色环所代表的数字及其含义如表 1-2-1 和表 1-2-2 所示。例如，一个四色环电阻器，色环顺序为橙、白、棕、金，这个电阻器阻值可计算为：$39 \times 10 = 390(\Omega)$，允许偏差为 $\pm 5\%$；另一个四色环电阻器，色环顺序为棕、黑、绿、银，则阻值可计算为：$10 \times 10^5 = 1000000 (\Omega)$（即 $1M\Omega$），允许偏差为 $\pm 10\%$；还有一个五色环电阻器，色环顺序为红、紫、黑、橙、棕，则阻值可计算为：$270 \times 10^3 = 270000 (\Omega)$（即 $270k\Omega$），允许偏差为 $\pm 1\%$。

表 1-2-1　色环所代表的数字及其含义（四色环）

环数 / 色别	第一色环 第一位数	第二色环 第二位数	第三色环 乘数（倍率）	第四色环 允许误差（%）
棕	1	1	10	± 1
红	2	2	10^2	± 2
橙	3	3	10^3	
黄	4	4	10^4	
绿	5	5	10^5	± 0.5
蓝	6	6	10^6	± 0.25
紫	7	7	10^7	± 0.1
灰	8	8	10^8	
白	9	9	10^9	
黑	0	0	10^0	
金			10^{-1}	± 5
银			10^{-2}	± 10
无色				± 20

表 1-2-2　色环所代表的数字及其含义（五色环）

环数 / 色别	第一色环 第一位数	第二色环 第二位数	第三色环 第三位数	第四色环 乘数（倍率）	第五色环 允许误差（%）
棕	1	1	1	10	± 1
红	2	2	2	10^2	± 2
橙	3	3	3	10^3	
黄	4	4	4	10^4	
绿	5	5	5	10^5	± 0.5

环数色别	第一色环第一位数	第二色环第二位数	第三色环第三位数	第四色环乘数（倍率）	第五色环允许误差（%）
蓝	6	6	6	10^6	±0.25
紫	7	7	7	10^7	±0.1
灰	8	8	8	10^8	
白	9	9	9	10^9	
黑	0	0	0	10^0	
金				10^{-1}	±5
银				10^{-2}	±10
无色					±20

三、记忆色环所代表的数字的记忆方法

由于色环颜色所代表的数字对于计算电阻大小极其重要，因此要牢记。这里提供 2 种记忆方法。

1. 歌诀法

先按照顺序写出棕一红二橙三黄四绿五蓝六紫七灰八白九黑零，然后简化成棕红橙黄绿、蓝紫灰白黑，再谐音成总哄城防队，蓝紫会变黑，意思为总哄着城防队员，蓝色和紫色合在一起会变成黑色。这样通过简化和谐音，就可以把原本没有关联的数字记住了。

2. 故事法

歌诀法的好处是记得快，读几遍一般就可以记住了，缺点是一方面容易忘，另一方面用时不大方便，如看到灰色，需要从棕一直数到灰，比较慢，影响了计算电阻的速度。故事法就解决了这个问题。

故事法要求先将每种颜色与数字进行联想，然后将其串联成一个故事，故事最好形象、奇特、生动。对于颜色，作者是这样联想的：一棕，想象一头棕色的熊；二红眼（二红），可以想象兔子的眼睛；橙三，谐音成撑伞；黄四，想象成黄寺；绿五，借谐音变成绿壶；六蓝，变成榴莲；七紫，变成妻子；灰八，想象成挥巴掌或灰色的巴掌；白九，则变成白酒；

第一单元　基本元器件及面包板的使用

黑零，则是黑眼圈。通过谐音，有些颜色很容易就能快速反应出来，如七紫（妻子）、白九（白酒）。连贯成故事即为（注意头脑中要想象）：一头棕色的熊（一棕），瞪着两只红红的兔子眼（二红），撑着降落伞（橙三），从天而降落到了黄色的寺内（黄四），棕熊一手拿着绿壶（绿五），另一手拿着榴莲（六蓝），原来是去见它的妻子（七紫），它的妻子是头灰熊，看它带来的礼物很不高兴，挥动灰巴掌打翻了绿壶（绿五），绿壶中流出了白酒（白九），棕熊很伤心，哭啊哭，把眼睛哭成了黑眼圈（黑零）。

四、万用表

万用表是电压表、电流表、电阻表等仪表合在一起的一种多功能测量仪器。万用表有两大类——指针式万用表和数字式万用表，如图 1-2-4 和图 1-2-5 所示。相比指针式万用表，数字式万用表具有操作简单、读数方便等特点，很适合初学者，因此本节主要介绍数字式万用表。

图 1-2-4　指针式万用表　　　图 1-2-5　数字式万用表

1. 电压的测量

用万用表测量电压时，首先要分清是直流电还是交流电，估算出大致的大小，如果不能估计出大致大小，就先用交流电的最大挡测量，然后根据数值找到相应的挡位。注意，测量某个元器件两端电压，需要把万用表并联在电路中，如图1-2-6所示。

2. 电流的测量

用万用表测量电流时，首先要分清是直流电还是交流电，选择略大的挡位，估计大致大小，如果不能估计出数值，则可以先选择最大的挡位测量，再根据测量值调整挡位。注意，测量流过元器件的电流时，需要把万用表串联在被测量的电路中，绝不能把万用表直接接到电源两端测电流。测量方法如图1-2-7所示。

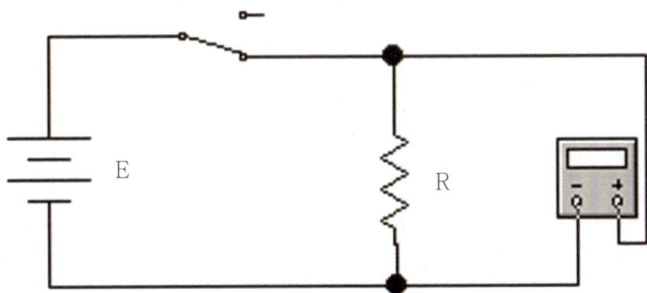

图 1-2-6　用万用表测量电压

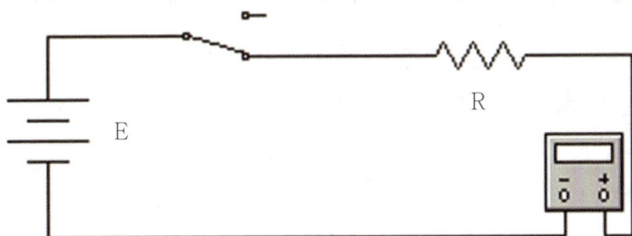

图 1-2-7　用万用表测量电流

3. 电阻的测量

用万用表测量电阻时，首先必须把电路电源切断，单独拿出被测电阻，选择大一点的挡位，估算电阻大小，如果不能估算出数值则先取最大的挡位，再根据测量值找到相应挡位。对于类似 2kΩ 的电阻，先找比 2kΩ 大的挡位测量，避免直接接到 2kΩ 挡超量程。

五、用万用表测量电阻值并找出偏差

假设万用表测量出的电阻器的值是标准值（实际上，用万用表测量也有误差，但本实验的主要目的是体会电阻器的标称阻值与真实值的偏差，因此，就假定万用表测出的值就是真实值），先计算出几种色环电阻大小，再用万用表测量，计算出偏差的百分比，填入表1-2-3。和误差环比较，看看这些电阻是不是合格产品。

表 1-2-3　标称阻值与真实值的偏差

项目 序号	标称阻值	标称误差	实测值	偏差	偏差 百分比（%）	是否合格
1						
2						
3						
4						
5						

练习题

1. 计算下列五色环电阻大小，并写出其允许误差。

橙白黑黑棕　黄紫黑棕棕　蓝灰黑红红　红紫黑橙红

2. 计算下列四色环电阻大小，并写出其允许误差。

棕绿棕金　棕黑黑银　橙橙红金　蓝灰红银　棕黑绿金

一、电容充放电实验原理

电容充放电实验是在校外无线电兴趣小组或学校电子技术课外活动中常做的一个实验，原理图如图 1-3-1 所示。该实验的效果是先按下轻触开关 S1，断开 S2，会发现 LED1 亮一下，然后变暗；再断开 S1，按下 S2，发现 LED2 由亮逐渐变暗；如果同时按下 S1、S2，则 LED1 和 LED2 同时点亮。这个实验中的 LED、电阻器、开关我们已经学习过，下面学习电池盒和电解电容器。

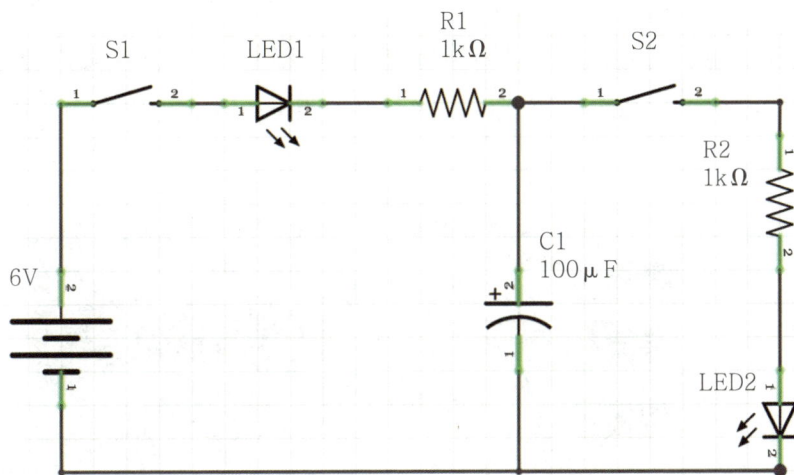

图 1-3-1　电容充放电实验原理图

二、电池盒

顾名思义，电池盒就是装电池的盒子。我们实验时常用 1.5V 电池或 1.2V

充电电池，因此用电池盒的电压是 1.5V 或 1.2V 的整数倍。如装 2 节电池的电池盒，装 1.5V 电池时对外输出的电压是 3.0V；装 1.2V 充电电池时，则输出的电压是 2.4V。电池盒的对外输出线一般分红色和黑色两种，红色表示正极，黑色表示负极。

三、电解电容器

电解电容器是电容器的一种，它内部有储存电荷的电解质材料，分正、负极性，不可接反。正极为粘有氧化膜的金属基板，负极通过金属极板与电解质(固体和非固体)相连接。电解电容器的正负极一般可以通过比较"两条腿"的长短看出，"长腿"是正极，"短腿"是负极；也可观察电解电容器的"小桶"表面，一般负极的地方会用灰白色或其他颜色标出，甚至灰白色区域还会有"－"标识。我们常用电解电容器的大小一般是 μF 级别的，数值会直接标示在"小桶"上，同时标在"小桶"上的还有额定电压值。电解电容器的大小和额定电压值是选购电解电容器的重要参数。图 1-3-2 为电解电容器。

电解电容器的作用有隔直流、滤波、整流、储能等。由于近年来生产技术的提高，人们已经制造出几百法拉的电解电容器，它被称为超级电容器，如图 1-3-3 所示。超级电容器可以储存很多能量，有时可以作为备用电源使用。

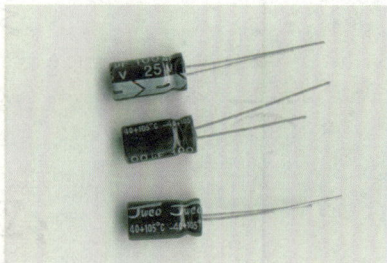

图 1-3-2 电解电容器

图 1-3-3 超级电容器

四、用面包板搭接电容充放电实验电路

我们在面包板上搭接电路，这类电路的搭接技巧是先找到"捣乱"的

元器件并把它去除，使其变成一个简单的串联电路，如图 1-3-4 所示，这时电路变得简单多了，只要元器件头接尾，尾接头连接下去就可以了，如图 1-3-5~ 图 1-3-11 所示。

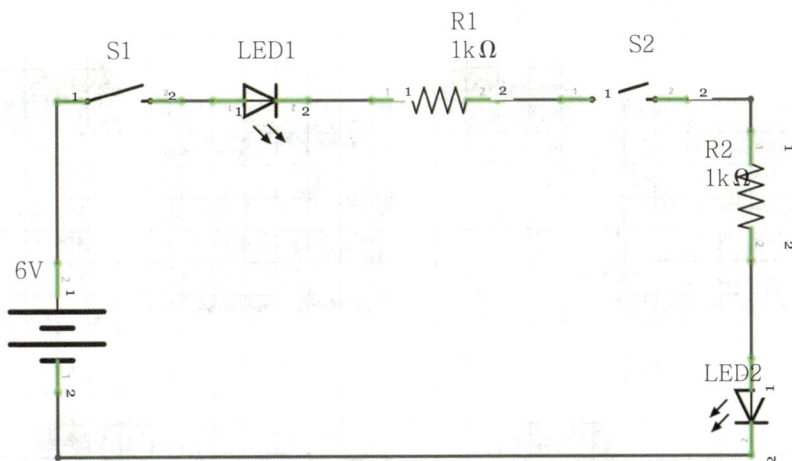

图 1-3-4　去除"捣乱"元器件后的原理图

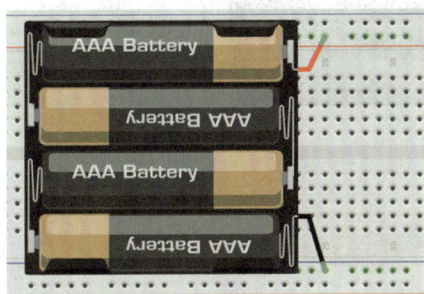

图 1-3-5　连接电池盒

图 1-3-6　连接开关 S1

图 1-3-7　连接 LED1，注意正负极

图 1-3-8　连接电阻器 R1

　　串联电路连接完毕后，就加上最后的元器件——电解电容器。连接电解电容器时首先要看清电容器的阳极脚和阴极脚，再看清各脚的连接位置。就本实验来说，阴极脚直接连到负极，比较好找，容易出错的是连接阳极脚。完成的搭接电路如图 1-3-12 所示。

图 1-3-9　连接开关 S2

图 1-3-10　连接电阻器 R2

图 1-3-11　连接 LED2，注意正负极

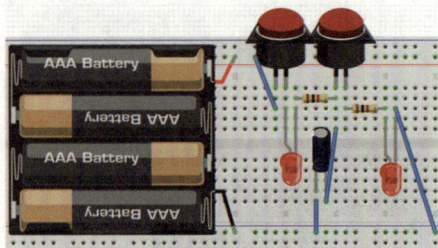

图 1-3-12　完成的电路搭接 3D 图

练 习 题

　　1.分析电容充放电实验的原理。

　　2.分析图 1-3-13 简易电容充放电实验电路可能的实验现象，并在面包板上搭接检验。

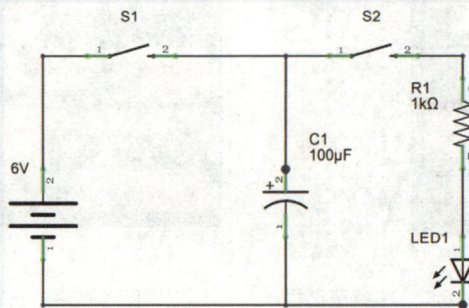

图 1-3-13　简易电容充放电实验

一、小夜灯实验原理

小夜灯实验是校外无线电兴趣小组或学校电子技术课外活动中常做的一个实验，原理图如图1-4-1所示。该实验的效果是当天黑时发光二极管会自动点亮，而天亮了，发光二极管自动熄灭。实验所需要的元器件有发光二极管、电阻器、光敏电阻器、NPN型三极管、电池盒等。本节将介绍光敏电阻器和三极管。

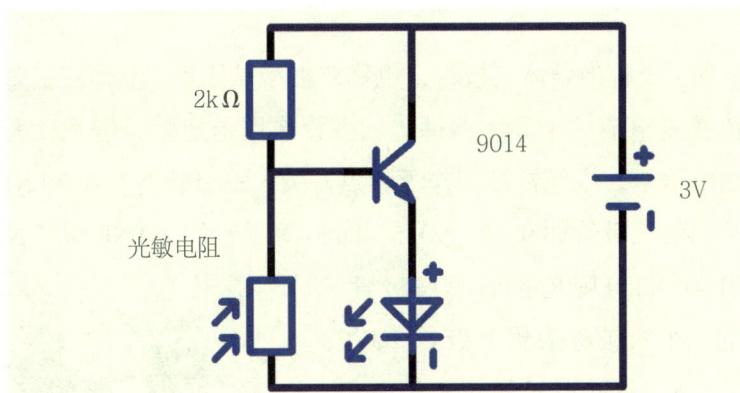

图1-4-1 小夜灯实验原理

二、光敏电阻器

光敏电阻器是一种对光敏感的电阻器，它的外形和符号如图1-4-2所示。光敏电阻器的主要特点是它的电阻值会随着光线强度变化而变化。光强越大，光敏电阻阻值越小；光强越小，光敏电阻阻值越大。光敏电阻阻值随光线变化非常明显，当用万用表测量光敏电阻时需分为用手电筒照射光敏电阻、正常室内光线和用手遮挡光敏电阻三种情况，不同情况下，光敏电阻的阻值可以从几百欧姆到几万欧姆，相差上百倍。

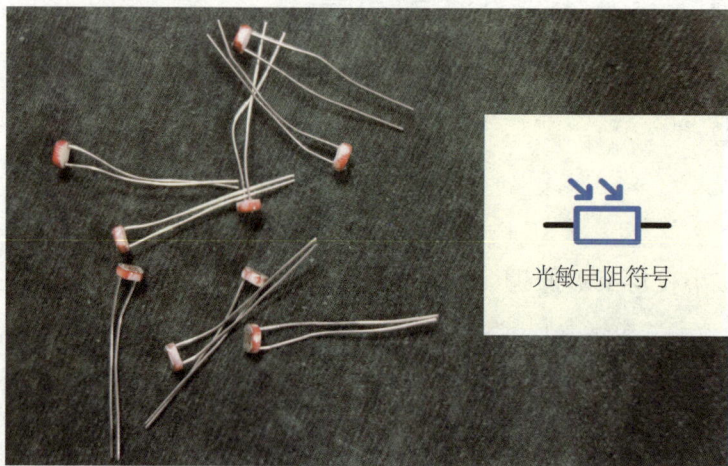

光敏电阻符号

图 1-4-2　光敏电阻的外形和符号

三、三极管

三极管，全称半导体三极管，也称双极型晶体管、晶体三极管等，是一种电流控制电流的半导体器件。三极管作用是把微弱信号放大成幅度值较大的电信号，也经常被用作无触点开关。三极管有 PNP 和 NPN 两种类型，常用的三极管如 9012、9015、8550 等，它们是 PNP 型三极管，而9013、9014、8050 则是 NPN 型三极管。三极管的三个极被称为集电极 c、基极 b 和发射极 e。不同型号的三极管三条"腿"的电极排布可能是不同的。三极管9012、9013、9014、8050 等都是 ebc 型排布，即让三极管有字的一面面对自己，"腿"向下，"三条腿"从左至右分别为发射极 e、基极 b 和集电极 c，如图 1-4-3所示。

图 1-4-3　常用的三极管

四、在面包板上搭接小夜灯电路

在面包板上开始搭接小夜灯电路时由于三极管相对其他元器件要复杂一些，因此一般在面包板上先放三极管，但要注意三极管的三条腿比较短、易断，因此最好不要折。本实验所用三极管为 NPN 型，具体 9014 或 9013 均可，电阻取 $2k\Omega$。具体步骤如图 1-4-4~ 图 1-4-8 所示。

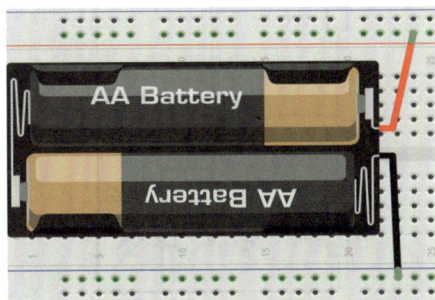

图 1-4-4　插接电池盒

图 1-4-5　插接三极管

图 1-4-6　连接电阻器

图 1-4-7　连接光敏电阻器

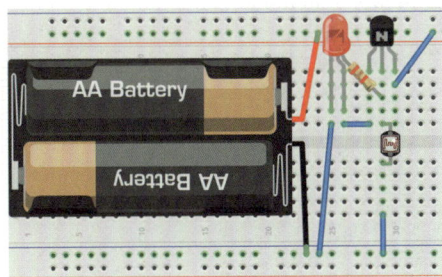

图 1-4-8　连接发光三极管

练 习 题

用面包板搭接图 1-4-9 电路，实验效果为用手捂住光敏电阻，两个发光三极管同时点亮。

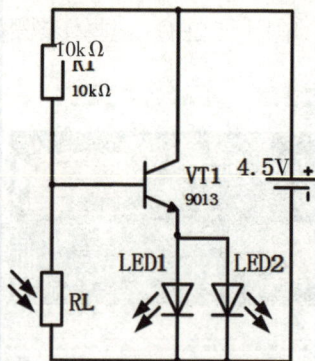

图 1-4-9　练习题电路图

第五节
电路设计软件 Fritzing

一、Fritzing 简介

Fritzing 是一个开源免费的电路设计软件。它不仅可以使普通用户较为方便地设计电路，还可以为专业用户提供专业的原理图，甚至人们还可以用它设计电路图交给厂商制作电路板。对于普通学习者来说，主要用它在电脑上模拟搭接电路和画原理图。本书中的大部分 3D 实物图和电路图均是在该软件上完成的。

在 Fritzing 的官方网址 http://fritzing.org 可以下载 Fritzing 的最新版本。当然在百度等常用搜索引擎上也可搜索到该软件。Fritzing 针对不同的系统有不同的版本，由于大家常用的是 Windows 系统，因此下面将针对 Windows 版本介绍其下载步骤。从官网上下载下来的是一个 zip 压缩文件，本书用的版本为"fritzing.0.9.2b.32.pc"。Fritzing 是一款绿色软件，直接解压后即可使用。解压完成后，进入"fritzing.0.9.2b.32.pc"文件（图 1-5-1 为 Fritzing 文件夹内的文件），左键双击"Fritzing.exe"文件即可打开软件进入欢迎界面，如图 1-5-2 所示。为了使用方便，可创建一个快捷方式到桌面。

名称	修改日期	类型	大小
bins	2015/12/8 22:36	文件夹	
help	2015/12/8 22:36	文件夹	
lib	2015/3/17 14:54	文件夹	
parts	2015/12/8 22:36	文件夹	
pdb	2015/3/17 14:55	文件夹	
platforms	2015/12/8 22:36	文件夹	
sketches	2015/12/8 22:36	文件夹	
translations	2015/12/8 22:36	文件夹	
Fritzing	2015/3/17 14:55	应用程序	7,217 KB
icudt51.dll	2013/4/23 10:50	应用程序扩展	21,794 KB
icuin51.dll	2013/4/23 10:49	应用程序扩展	1,759 KB
icuuc51.dll	2013/4/23 10:49	应用程序扩展	1,305 KB
libEGL.dll	2014/2/1 22:28	应用程序扩展	42 KB
libGLESv2.dll	2014/2/1 22:28	应用程序扩展	689 KB
LICENSE.CC-BY-SA	2014/10/19 14:56	CC-BY-SA 文件	21 KB
LICENSE.GPL2	2014/10/19 14:56	GPL2 文件	20 KB
LICENSE.GPL3	2014/10/19 14:56	GPL3 文件	37 KB
msvcp110.dll	2012/11/6 1:20	应用程序扩展	523 KB
msvcr110.dll	2012/11/6 1:20	应用程序扩展	855 KB
Qt5Core.dll	2014/7/8 19:30	应用程序扩展	3,966 KB
Qt5Gui.dll	2014/2/1 22:30	应用程序扩展	3,091 KB
Qt5Network.dll	2014/2/1 22:30	应用程序扩展	795 KB
Qt5PrintSupport.dll	2014/2/1 22:33	应用程序扩展	232 KB
Qt5SerialPort.dll	2014/2/1 22:34	应用程序扩展	56 KB
Qt5Sql.dll	2014/2/1 22:29	应用程序扩展	152 KB
Qt5Svg.dll	2014/2/1 22:34	应用程序扩展	203 KB
Qt5Widgets.dll	2014/2/1 22:31	应用程序扩展	4,272 KB
Qt5Xml.dll	2014/2/1 22:29	应用程序扩展	156 KB

图 1-5-1　Fritzing 文件夹内的文件

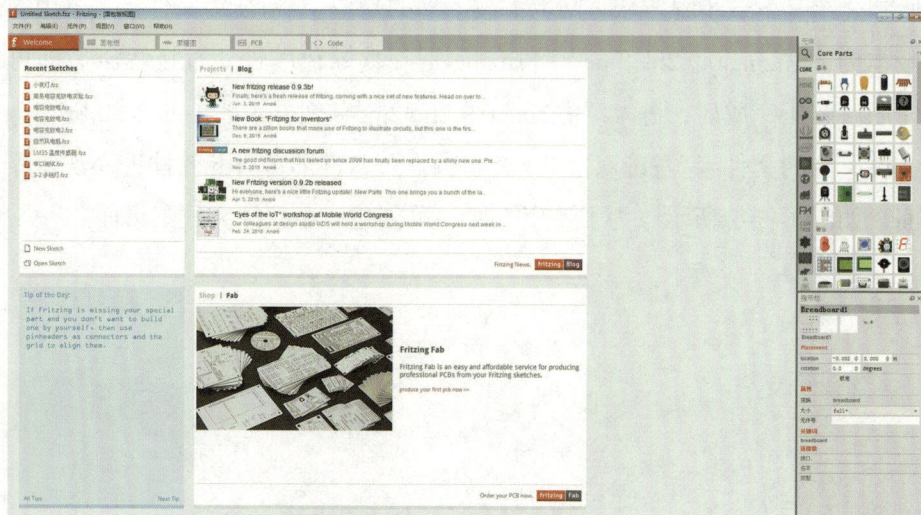

图 1-5-2　Fritzing 欢迎界面

二、Fritzing 的主界面

Fritzing 的主界面是标准的设计软件布局，它由菜单栏、主工作区、元件栏、指示栏等组成。

1. 菜单栏

和其他软件类似，Fritzing 软件也是按照一定规则，将主菜单栏分成几大类。在文件菜单下有"打开例子（O）"选项卡，其中有一些示例，尝试打开一个名为"Loop"的示例（图 1-5-3）。

图 1-5-3　打开示例"Loop"

2. 主工作区

主工作区的面积最大，也是用户使用最多的区域。使用者主要关注这三种视图：面包板、原理图和 PCB，如图 1-5-4 所示。

图 1-5-4　Fritzing 的三种视图

当打开示例"Loop"后，Fritzing 会打开一个新的窗口，初始界面即面包板视图，如图 1-5-5 所示。选择面包板视图时，面包板标签变成红色则表示被选中。

25

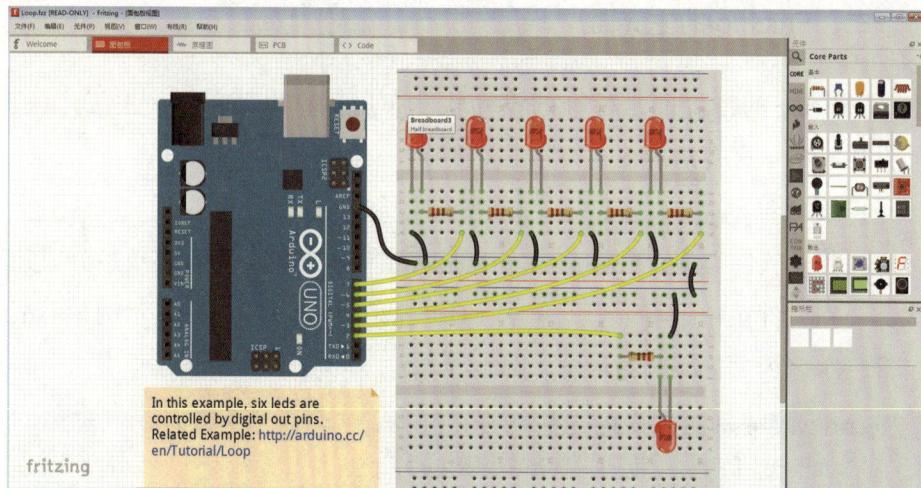

图 1-5-5　面包板视图

　　左键单击原理图标签，进入原理图视图。该原理图就是在面包板视图中的电路的原理图，如图 1-5-6 所示。不过软件自动创建的原理图是很不规整的，图 1-5-6 是经过调整后的原理图。

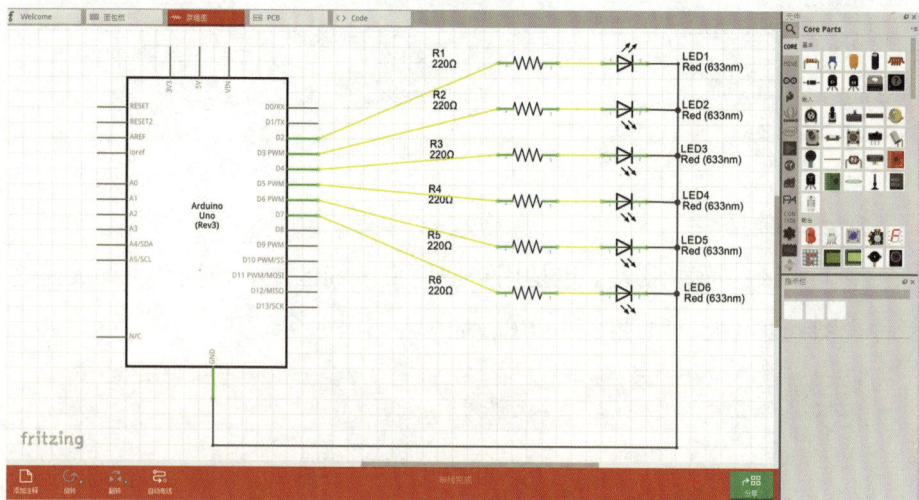

图 1-5-6　原理图视图

　　点击"PCB"选项卡进入 PCB 视图，如图 1-5-7 所示，在这个视图中可以设计 PCB 图。

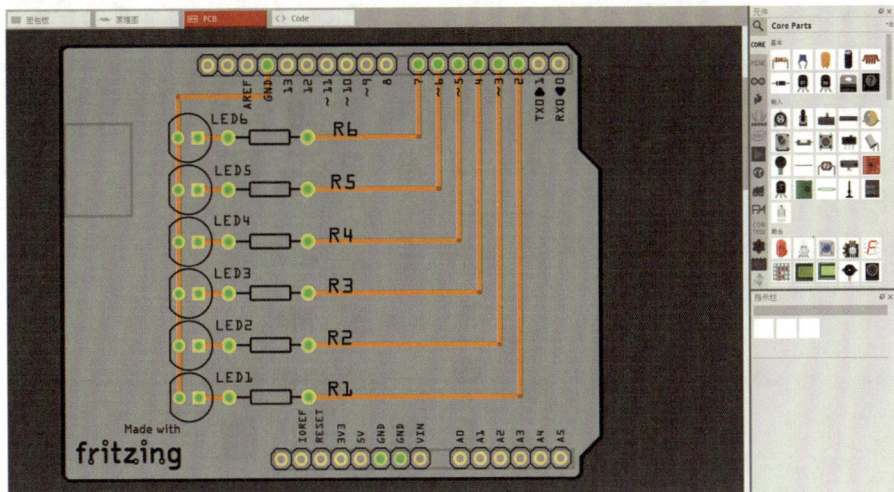

图 1-5-7　PCB 视图

三、Fritzing 的元件库

Fritzing 的核心是元件库。Fritzing 官方和社区提供了大量的元器件，这些元器件按照一定的规则组成不同的库，我们可以从库标签图（1-5-8）中进入不同的库。在这些库中，放大镜库、CORE 库和 MINE 库是用户常用的库。放大镜库实际上是搜索器，主要用来按照关键词搜索元器件，然后把搜索到的结果作为一个库。CORE 库中的元器件是一些基本和通用的元器件，我们常用的元器件大多可以从该库找到（图 1-5-9）。MINE 库是个自选元件库，用户可以根据自己的情况把常用的元器件加到该库中。加入方法：在面包板视图中，从各种库中找到要加入的元器件，用鼠标把元器件拖入面包板视图。选定元器件后，如图 1-5-10 所示加入元器件到 My Parts 库，这样通过 MINE 库标签就可以找到该元器件。

第一单元　基本元器件及面包板的使用

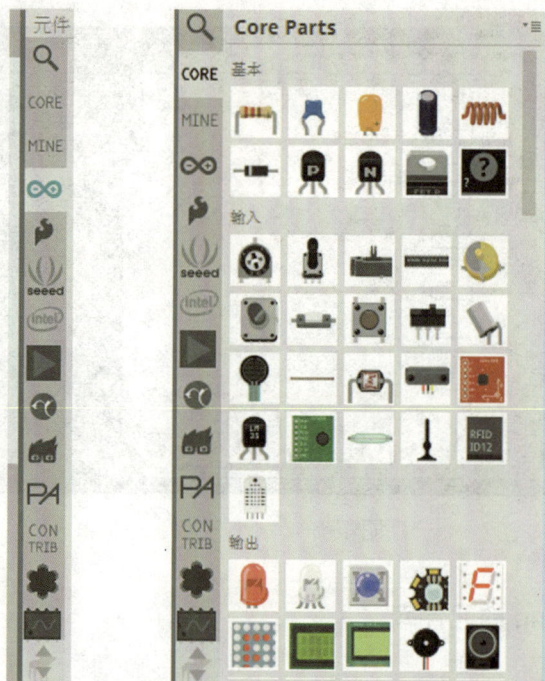

图 1-5-8　库标签　　图 1-5-9　CORE 库中的部分元器件

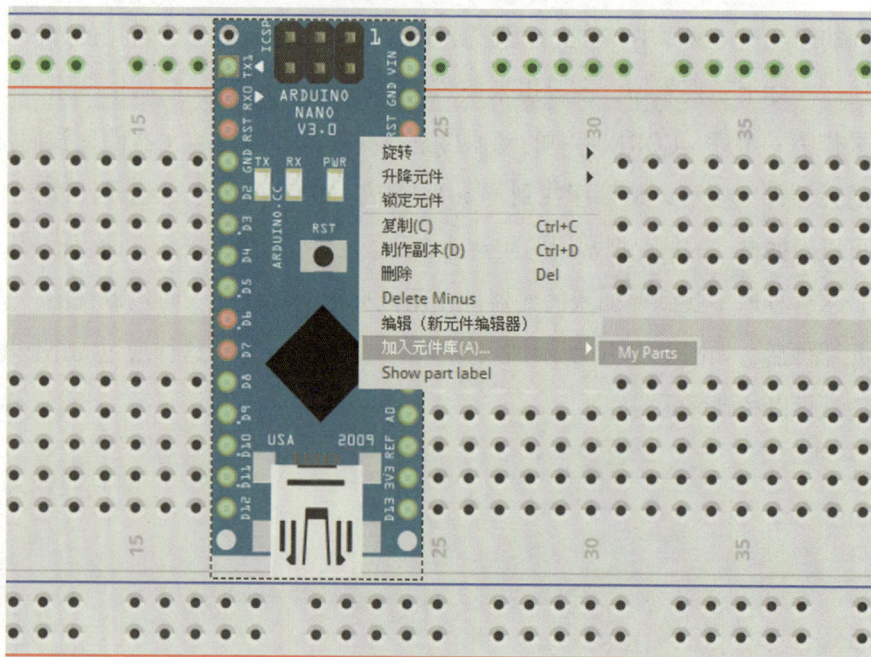

图 1-5-10　将元器件加入 My Parts 库

四、画出手电筒的电路图

如今的手电筒一般都用高亮度白光 LED 做发光"灯泡"。这种 LED 的发光电压是 3.0~3.4V，因此当追求电路简单时可以直接用两节 5 号干电池提供电压。那么这个电路就可以由电池盒、拨动开关、LED 组成。下面我们用 Fritzing 连接电路和画原理图。

电池盒、拨动开关、LED 这三个元器件在 CORE 库中都可以找到。在面包板视图中，拖这三个元器件，如图 1-5-11 所示。在这三个元器件中，LED 和拨动开关下面的面包板上若有几排绿色条覆盖了面包板上的孔，则表示这两个元器件插在了面包板上，绿色条表示那一列是相通的，可以连接元器件相应的管脚。

图 1-5-11　拖入三个元器件

由于本次实验要的是白色 LED，因此需要修改 LED 的参数。左键单击 LED，在 Fritzing 软件窗口的右下角出现该元器件的指示栏，在颜色下拉菜单中选择 White（6500K），如图 1-5-12 所示。面包板视图中的 LED 即可变成白色。

左键点击要连接的点拖动到要连接的地方放开，如果能够连接，软件会自动捕捉点并画出导线。如果想修改导线的颜色，可以先用左键选定要修改的导线，再点右键出现选项卡，选择想要的颜色即可。连接好的电路如图 1-5-13 所示，注意 LED 的正负极不要接错。

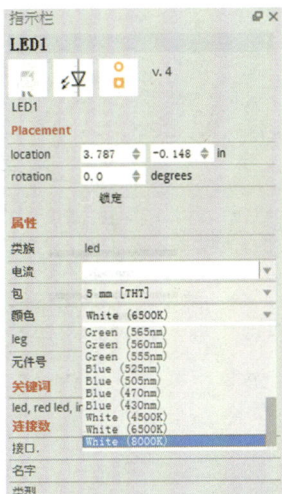

图 1-5-12　改变 LED 颜色

第一单元　基本元器件及面包板的使用

图 1-5-13 完成的手电筒电路

点击原理图标签按钮进入原理图视图，如图 1-5-14 所示。调整各个元器件的位置，如图 1-5-15 所示。左键点住导线并拖曳，使导线变实。若发现各个元器件的标签位置不合适，可以通过右键选定元器件的方式修改标签内容、方向等。完成后的原理图如图 1-5-16 所示。

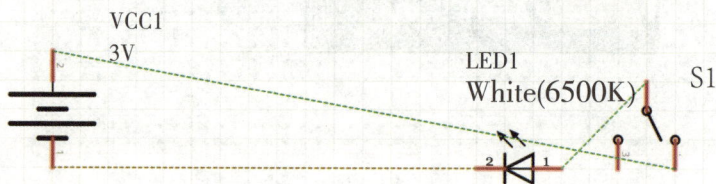

图 1-5-14 原理图初始状态

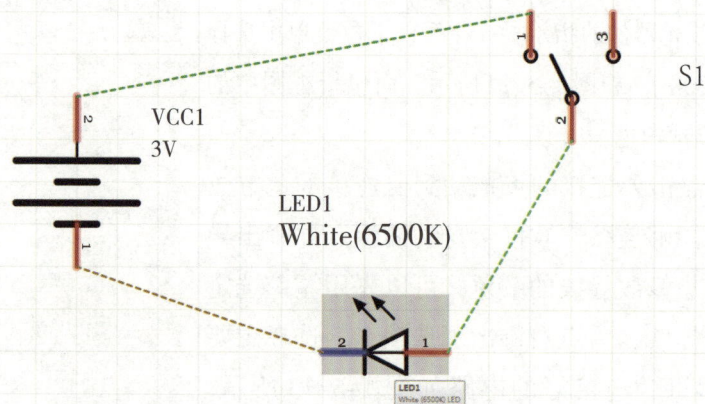

图 1-5-15 调整元器件的位置

青少年 Arduino 入门

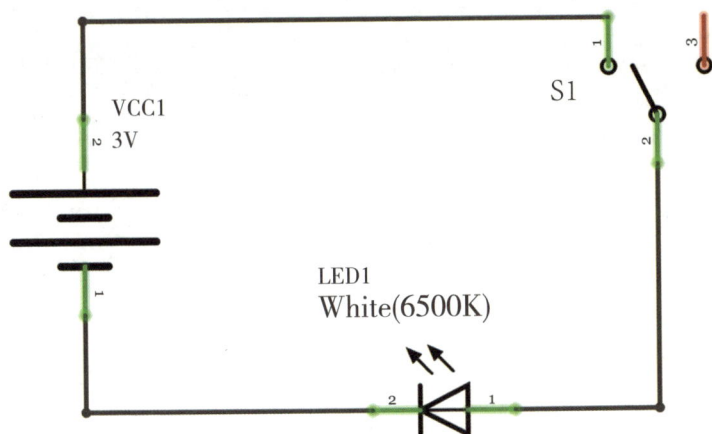

图 1-5-16　完成后的手电筒原理图

练习题

用 Fritzing 软件画出第三节电容充放电实验电路和第四节小夜灯实验电路。

第二单元

Arduino UNO 的
安装及简单元器件的控制

第一节
Arduino 简介及 Arduino UNO 驱动的安装

一、Arduino 简介

Arduino 是一款开源免费的软硬件平台。它起源于意大利，随后很快风靡全球。Arduino 适用于发明爱好者、艺术家、设计师对"互动"有兴趣的人士，其使用门槛较低。它有很多种版本的主控制器，如 Arduino UNO、Arduino Nano 等，本书中应用的是 Arduino UNO，因此 Arduino IDE 和 Arduino UNO 驱动的安装均以 Arduino UNO 为例。

二、Arduino IDE 的安装

Arduino IDE 是 Arduino 的开放源代码的集成开发环境，用户可以用该软件编写程序并下载到 Arduino UNO 上。百度搜索 Arduino IDE，可以出现很多下载的网站，但 Arduino 官方网址为 https://www.arduino.cc，本节下载地址采用官网地址。登录 https://www.arduino.cc 后点击 Download 进入下载页面，点击右上角的下拉菜单选择中文（图 2-1-1）。这里有针对不同操作系统的版本，我们选择 Windows 安装包并下载到 H 盘软件目录下。Arduino IDE 的安装和一般软件没有区别，但为了方便初学者，特别是小学生，本节还是逐步进行介绍，所用电脑系统为 Windows 7 专业版。

（1）找到安装文件，双击左键。

本次下载的是 arduino-1.6.6-windows 版本，已经下载到 H 盘的软件文件夹下，双击结果如图 2-1-2 所示。

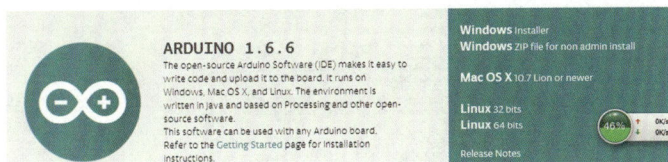

图 2-1-1　修改语言

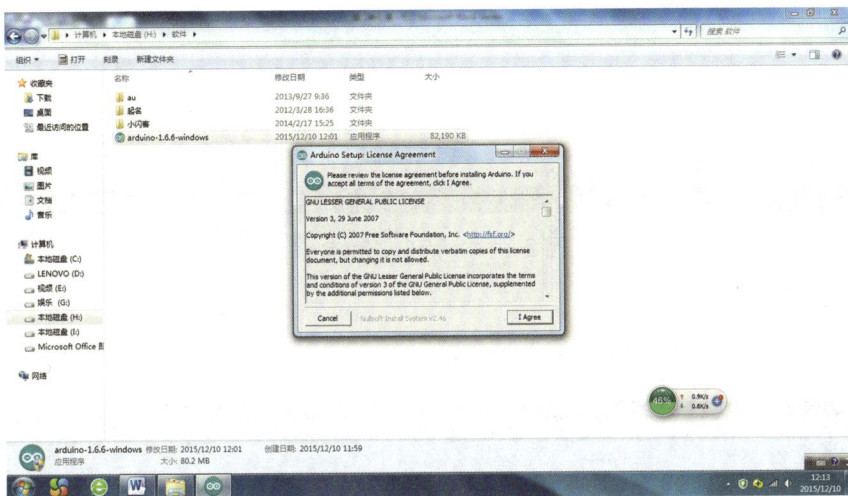

图 2-1-2　在该界面点击"I Agree"

（2）点击"Next"，如图 2-1-3 所示。

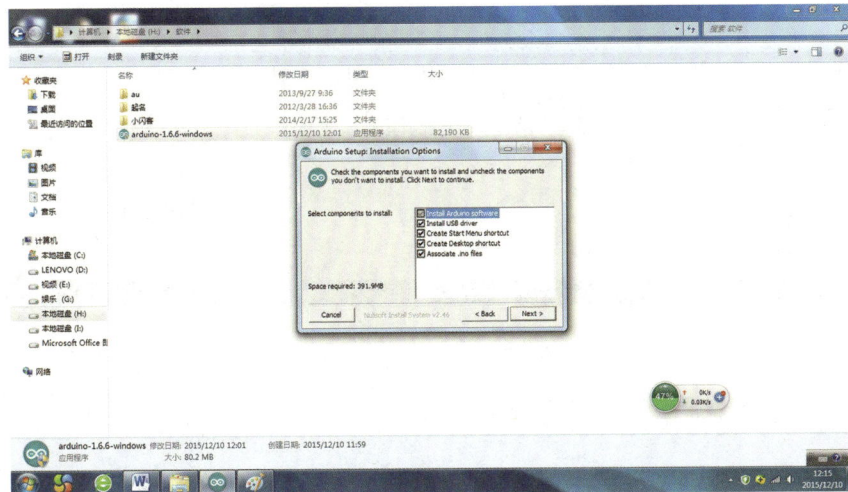

图 2-1-3　点击"Next"

（3）点击"Install"，如图 2-1-4 所示。

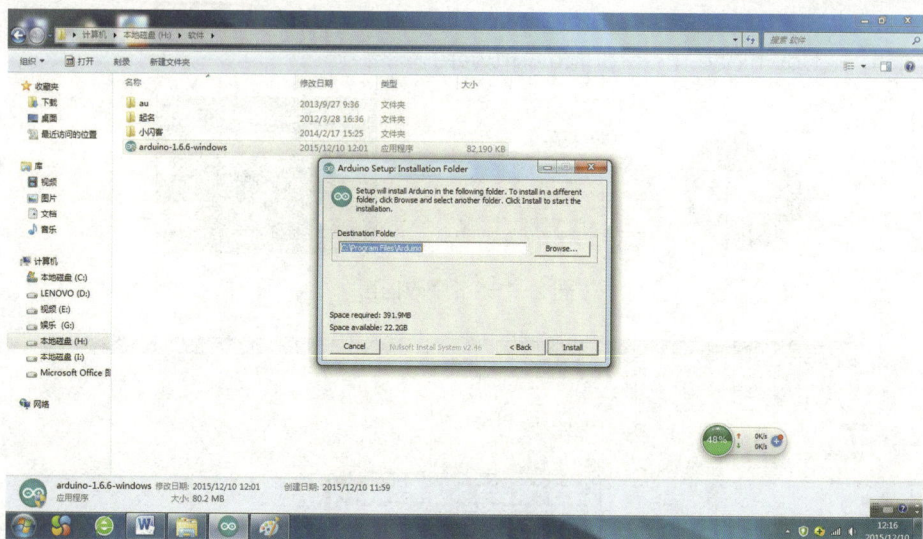

图 2-1-4　点击"Install"

（4）正在安装，如图 2-1-5 所示。

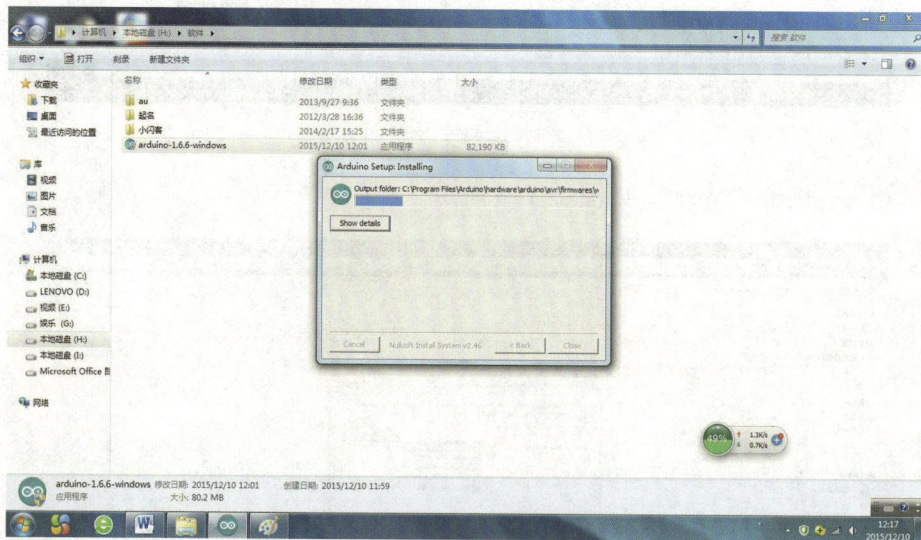

图 2-1-5　正在安装

（5）点击"Close"，如图 2-1-6 所示。

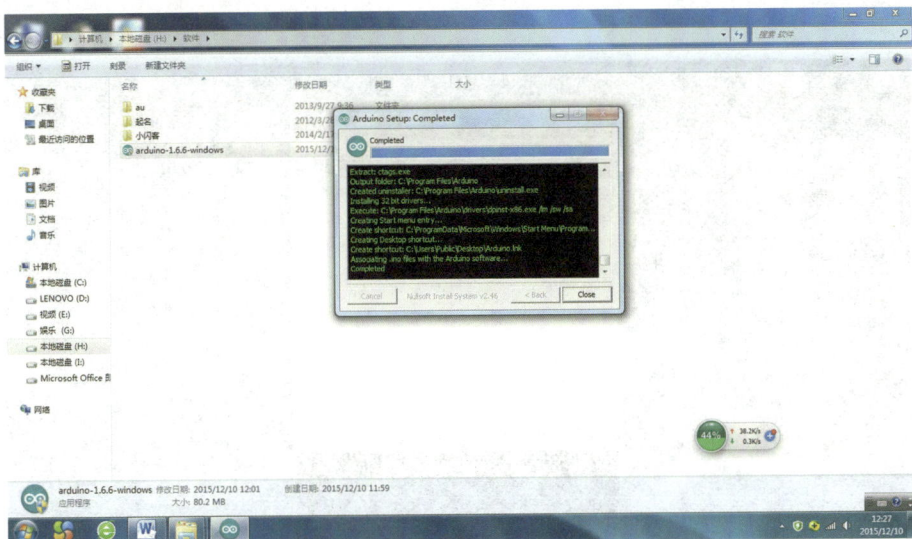

图 2-1-6 点击"Close"，安装完成

（6）安装完成后桌面会自动创建 Arduino IDE 的快捷方式（图 2-1-7），双击后即可进入 Arduino IDE（图 2-1-8）。本次安装完毕后系统默认的语言就是中文，有时由于下载版本不同，默认语言是英文，若我们想使用英文界面，可以用如图 2-1-9 和图 2-1-10 所示的方法修改。修改完毕后重启 Arduino IDE 即可进入修改后的界面。

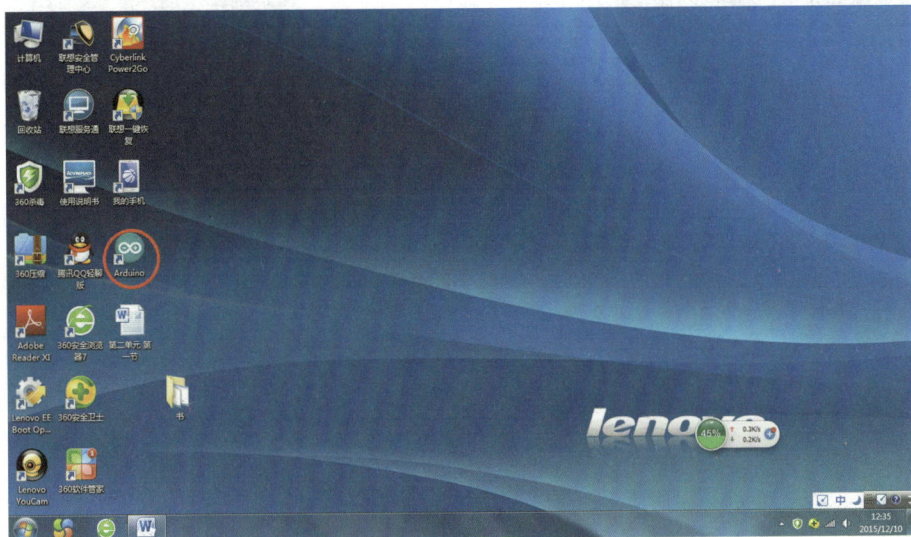

图 2-1-7 快捷方式

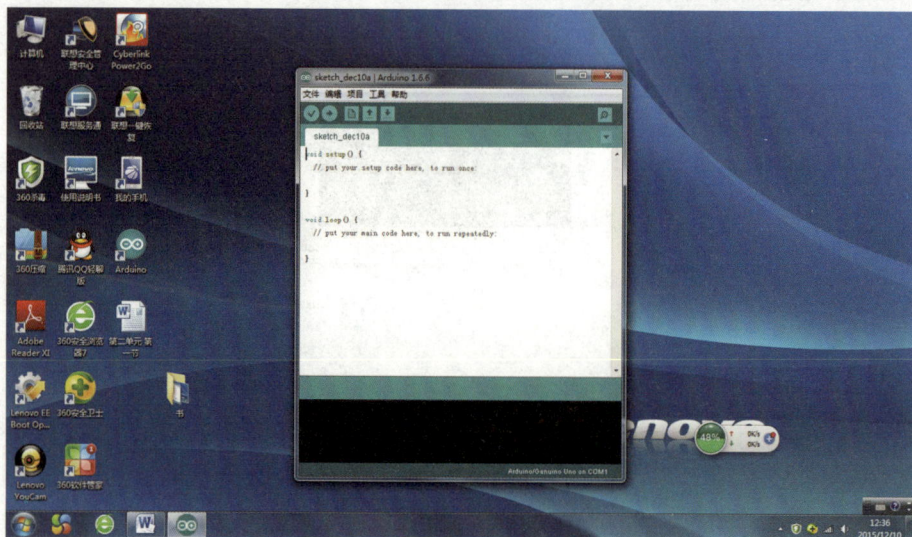

图 2-1-8　打开后的软件界面

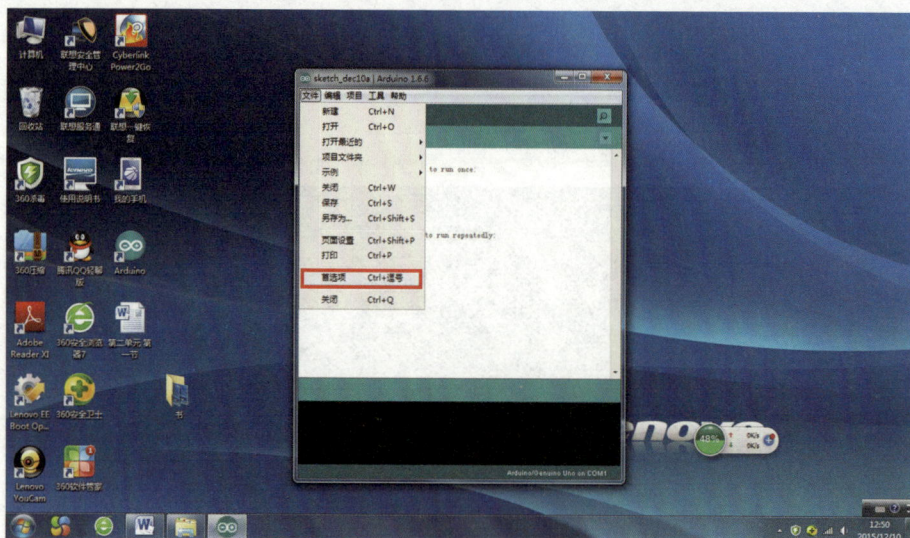

图 2-1-9　修改语言（1）

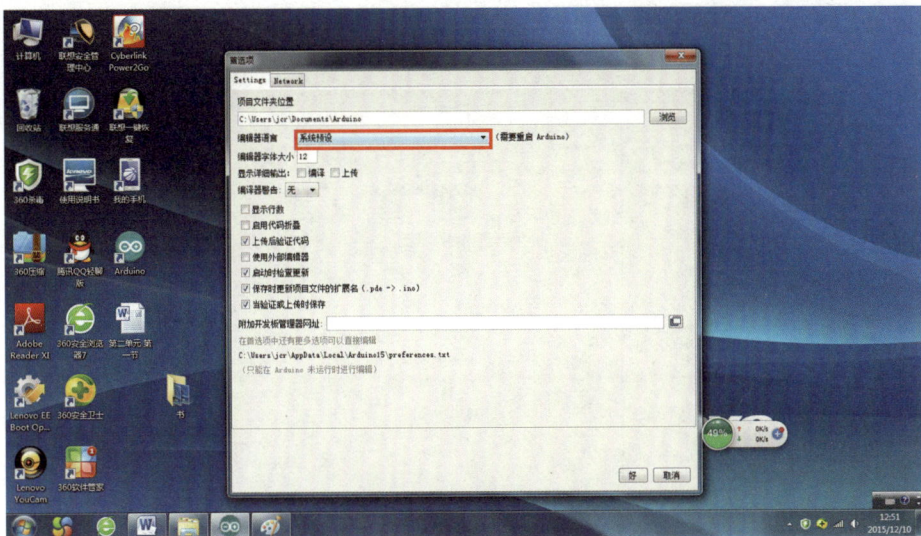

图 2-1-10 修改语言（2）

三、ArduBlock 的安装

虽然 Arduino 使用的语言是简化后的 C 语言，但它对于小学生和从未接触过编程的初学者来说比较困难。幸好许多爱好者开发出许多图形化语言，通过拖曳，修改参数就可以实现编程，大大降低了学习使用 Arduino 的门槛。ArduBlock 就是这些图形化语言中优秀的一款，本书中绝大部分程序均由该程序编写。ArduBlock 是上海新车间创客空间开发出来的。它是 Arduino 官方编程环境的第三方软件，原本必须要依附于 Arduino 软件才可运行，以后出现了可以独立编程和下载的版本。本书中采用的是依附于 Arduino 软件下运行的版本，这样既可以让初学者专注享受编程的乐趣，不必为了 C 语言的语法犯愁，又可以通过 Arduino IDE 界面学习 C 语言并在该界面进行简单的修改。

安装 ArduBlock 很简单，只要把其他已经安装了 ArduBlock 的 Arduino 软件中的"Tools"文件夹中的 ArduBlockTool 文件夹整体复制（图 2-1-11），然后找到需要安装软件的相同目录（图 2-1-12 和图 2-1-13），进入 Arduino 安装目录，再进入"Tools"文件夹粘贴即可。当再次进入 Arduino 软件时，在工具文件夹就有了 ArduBlock，单击即可进入，如图 2-1-14 所示。

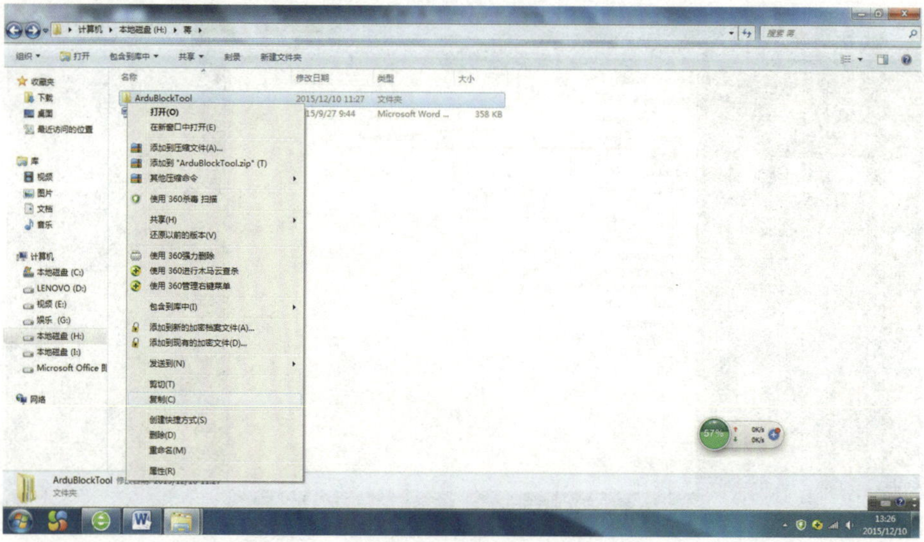

图 2-1-11 复制 "ArduBlockTool" 文件

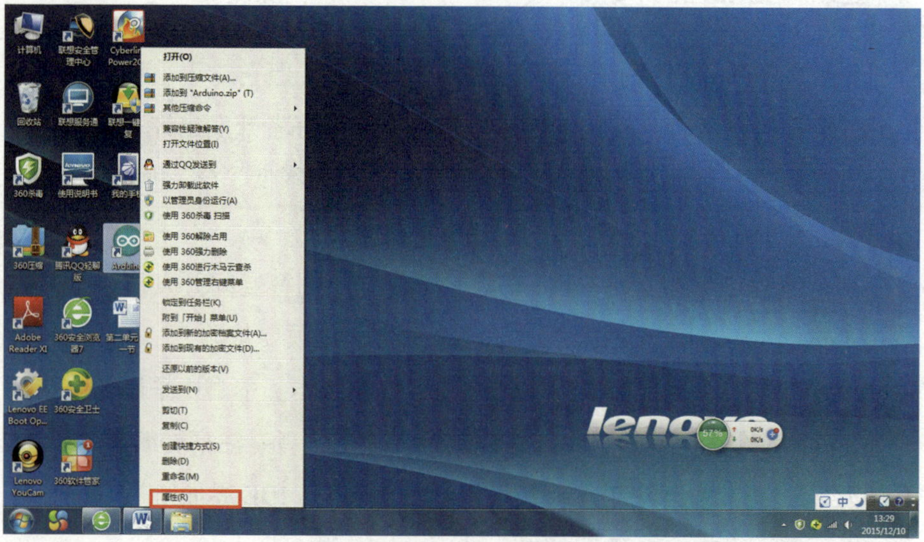

图 2-1-12 右键单击 "Arduino 快捷方式"，单击 "属性"

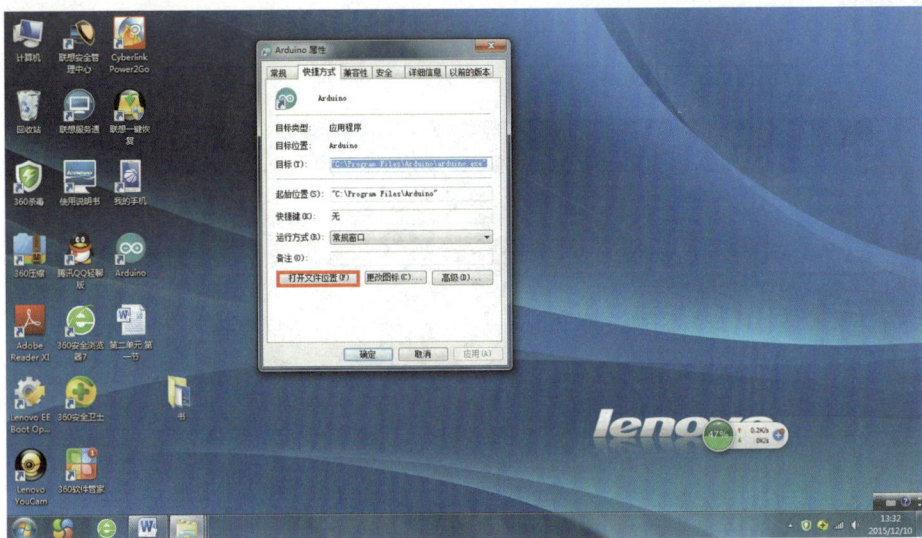

图 2-1-13　单击"打开文件位置（F）"

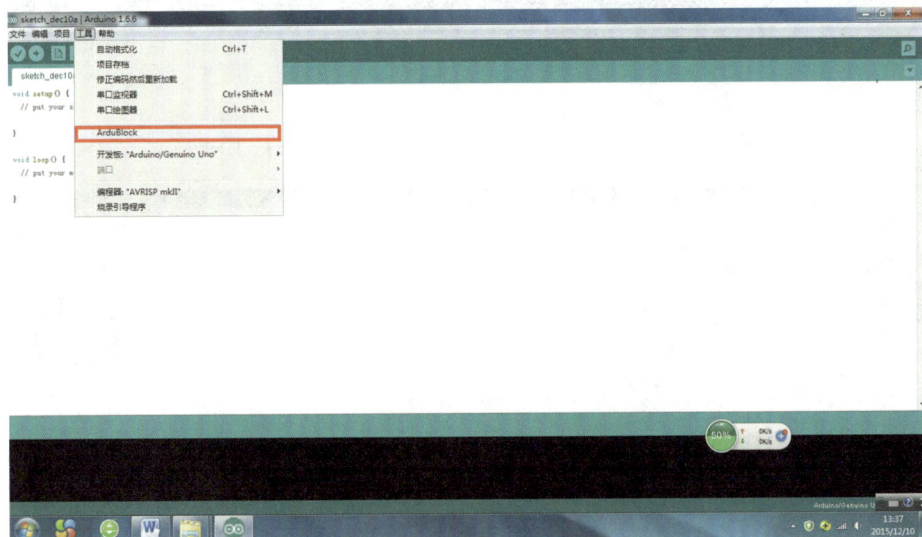

图 2-1-14　安装好的 ArduBlock

四、Arduino UNO 驱动的安装

ArduBlock 安装好了，下面我们来安装 Arduino UNO。

（1）将 Arduino UNO 连接到电脑上，电脑会自动寻找驱动安装，有时可以成功安装，有时不可以。如果不可以，则按照下面步骤安装（不同的电脑和系统安装步骤会略有区别）。

（2）右键单击"我的电脑"，左键单击"属性"，如图 2-1-15 所示。

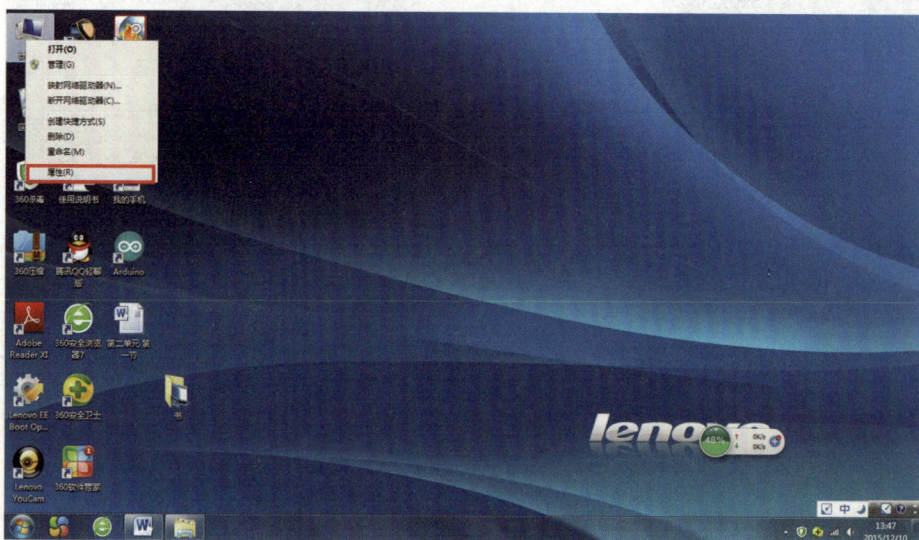

图 2-1-15　右键单击"我的电脑"，左键单击"属性"

（3）在该界面左键单击"设备管理器"，如图 2-1-16 所示。

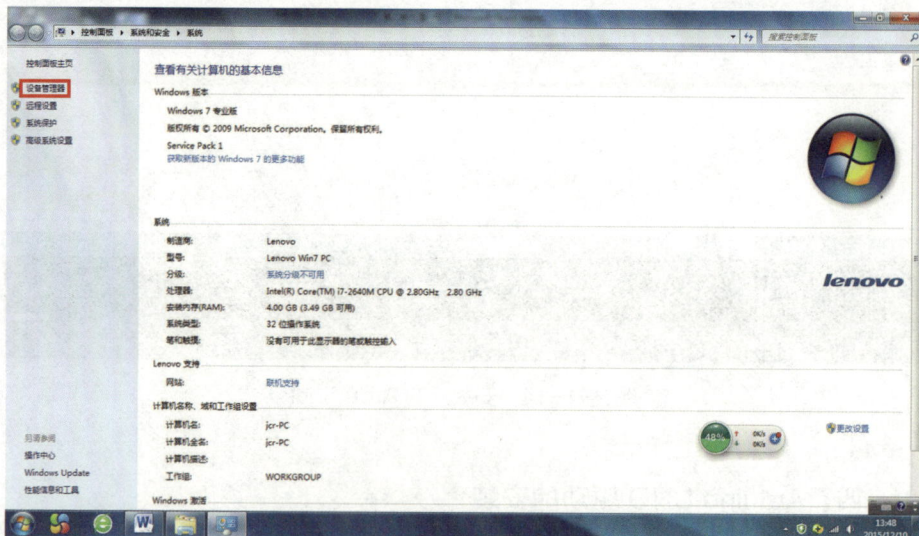

图 2-1-16　左键单击"设备管理器"

（4）在设备管理器的端口下会发现带叹号的设备。

（5）右键单击需要安装驱动程序的设备，选择"更新驱动程序"或单击"属性"找到"更新驱动程序"，如图 2-1-17 所示。

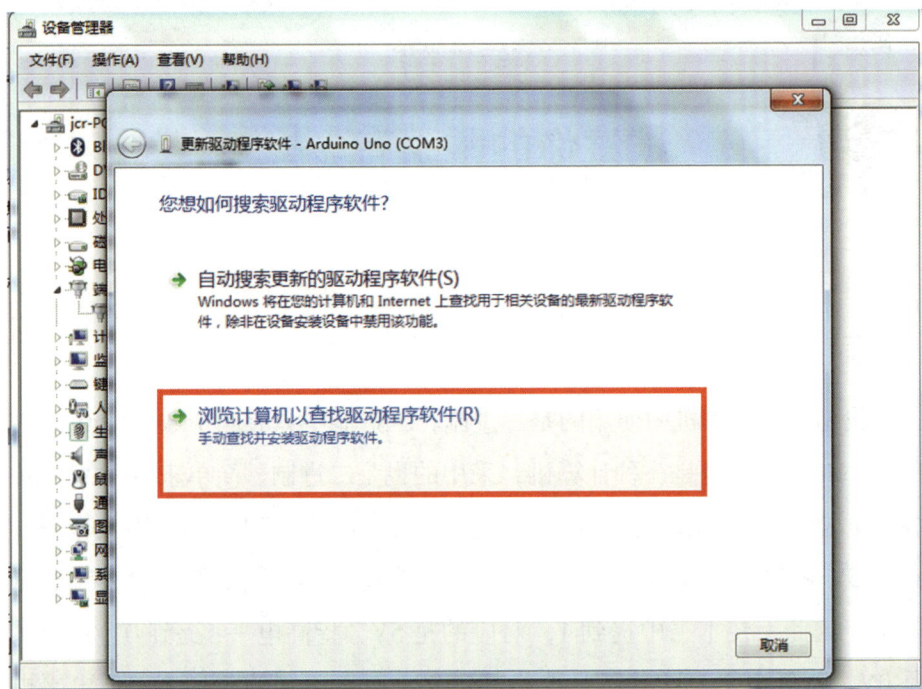

图 2-1-17　选择"浏览计算机以查找驱动程序软件"

（6）单击"浏览"，在"浏览"中找到驱动程序所在位置，本计算机所在位置为 C:\Program Files\Arduino\drivers，单击"下一步"安装完成。

练习题

按照书中所讲安装 Arduino IDE 和 Arduino UNO 驱动程序。

第二节
试试你的眼睛有多棒

一、二进制简介

我们知道计算机中使用的是二进制，二进制中只有两个数，即 0 和 1。而 Arduino UNO 也是一种计算机，采用的也是二进制。简单来看，Arduino 各 I/O 端口只能输出两种电压（5V 和 0V），对应数字 1 和 0，输入也只能识别 5V 和 0V，对应 1 和 0。这里我们也常将 5V 称为高电平，0V 称为低电平。因此，在本书中提到 1，对应的是 5V，指高电平；提到 0，对应的是 0V，指低电平。这并不是严格的定义，对于不同的芯片高、低电平电压可能是不同的。另外，1 和 0 的确认也应是有一定电压范围的，具体应查芯片手册。

二、Arduino UNO 简介

UNO 在意大利语中是数字 1 的意思。Arduino UNO 是 Arduino 系列单片机中的早期版本，也是流传最广泛、最成熟的版本之一。它拥有 14 个数字输入输出针脚，其中 6 个具有 PWM 输出功能、6 个模拟输入针脚、1 个

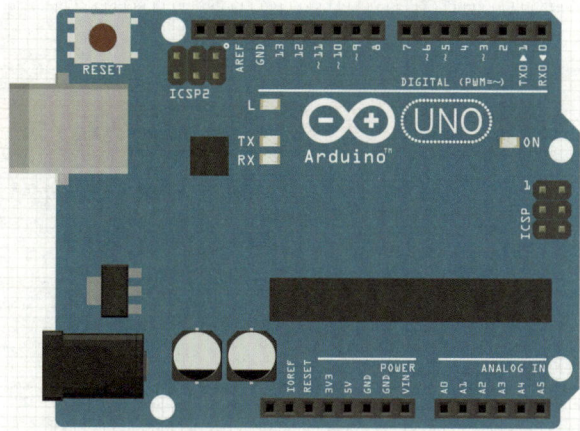

图 2-2-1　Arduino UNO

16MHz 晶振振荡器、1 个 USB 连接器以及复位按钮等。它支持使用电脑的 USB 接口以及外接的直流适配器和电池供电（图 2-2-1）。

Arduino 开发板的针脚具有输入和输出两种模式，将针脚设置为输出模式后就可以作为电源使用。数字针脚只能输出高电平和低电平，它们在 ArduBlock 中的图标如图 2-2-2 和图 2-2-3 所示。

图 2-2-2　将数字针脚 2 设置成低电平　图 2-2-3　将数字针脚 2 设置成高电平

三、用 Arduino UNO 点亮你的 LED

点亮发光二极管只需要很小的电流，因此，把某个数字针脚变成输出模式就可以直接驱动。由于数字针脚输出的是 5V 和 0V 电压，而红、黄、绿色发光二极管的发光电压约为 2V，高亮度的白、蓝、紫色发光二极管的发光电压为 3.0~3.4V，均低于 5V，因此，用 Arduino UNO 数字针脚驱动 LED 时通常要给发光二极管串联电阻限流。不同颜色的 LED 需要的限流电阻也是不同的，常用的小功率红、黄、绿色发光二极管所需要的限流电阻为 220~1000 Ω，高亮度的发光二极管取 100 Ω 及略大于 100 Ω 的电阻即可。

驱动 LED 的方法有多种，这里选取三种方法以供参考（图 2-2-4~图 2-2-9）。

图 2-2-4　灌电流接法 3D 图

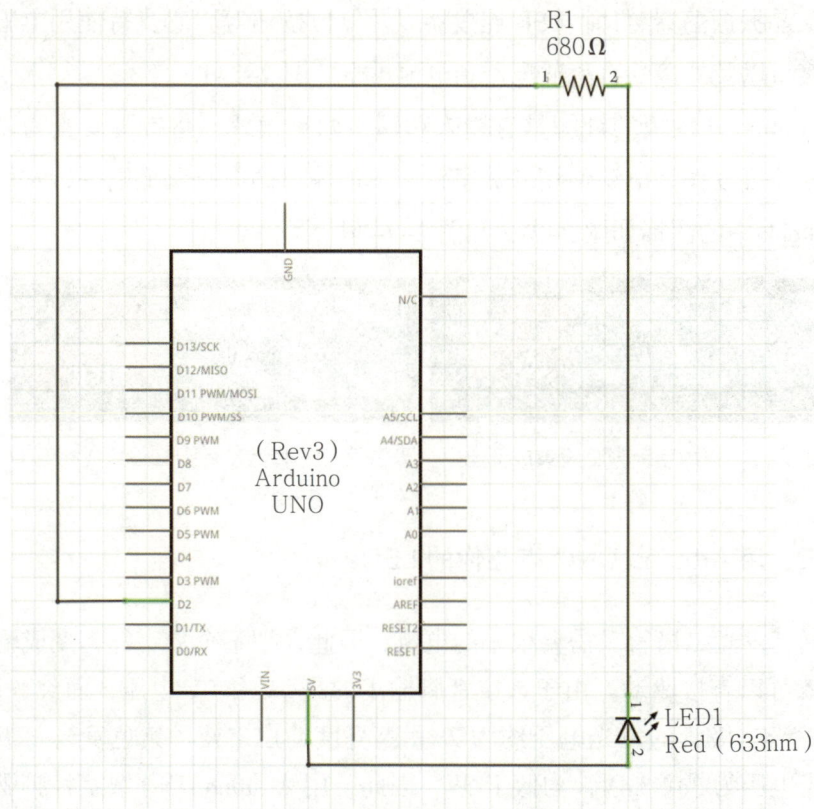

图 2-2-5　灌电流接法原理图

图 2-2-6　拉电流接法 3D 图

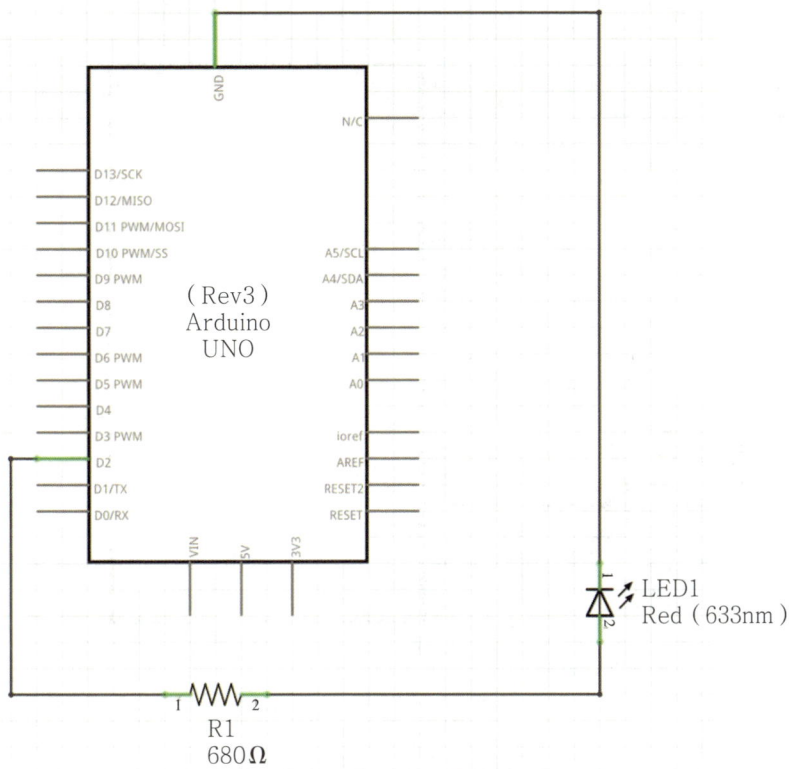

图 2-2-7 拉电流接法原理图

图 2-2-8 针脚接法 3D 图

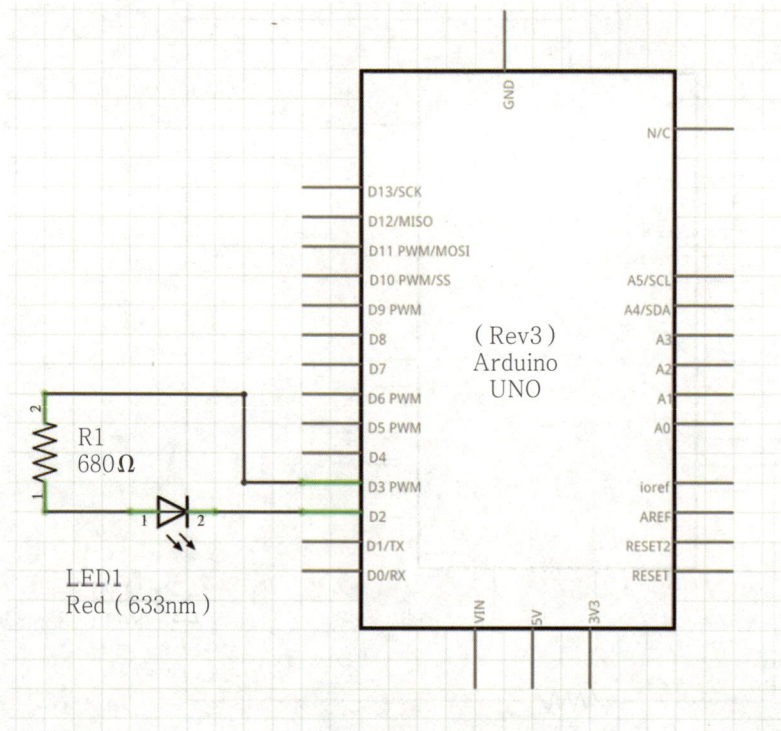

图 2-2-9　针脚接法原理图

因为以前单片机的针脚电流的输出能力很差，所以以往单片机控制 LED 以灌电流接法为主流，本书中接法也以灌电流接法为主。接下来分析灌电流接法的驱动原理。红色 LED 的阳极脚通过 680Ω 限流电阻连接到 +5V，LED 阴极脚连接到数字针脚 2。当针脚 2 输出 1，即高电平 +5V 时，发光二极管（含限流电阻）两端均为 +5V，电压为 0，因此不亮；当针脚 2 输出 0 时，发光二极管（含限流电阻）一端为 +5V，另一端为 0V，并且发光二极管正接，因此发光二极管点亮。

四、让你的 LED 闪起来

首先，按照图 2-2-4 连接电路。前文已经分析，针脚 2 输出低电平 0 时 LED 点亮，输出高电平 1 时熄灭，下面我们来编写程序并下载到 Arduino UNO 上。在 ArduBlock 中拉出一个主程序（图 2-2-10），主程序在控制模块中，是一个程序所必需的结构，虽然没有命令，但它也可以下载到 Arduino 中，有时我们用它来清空 Arduino 的内存。

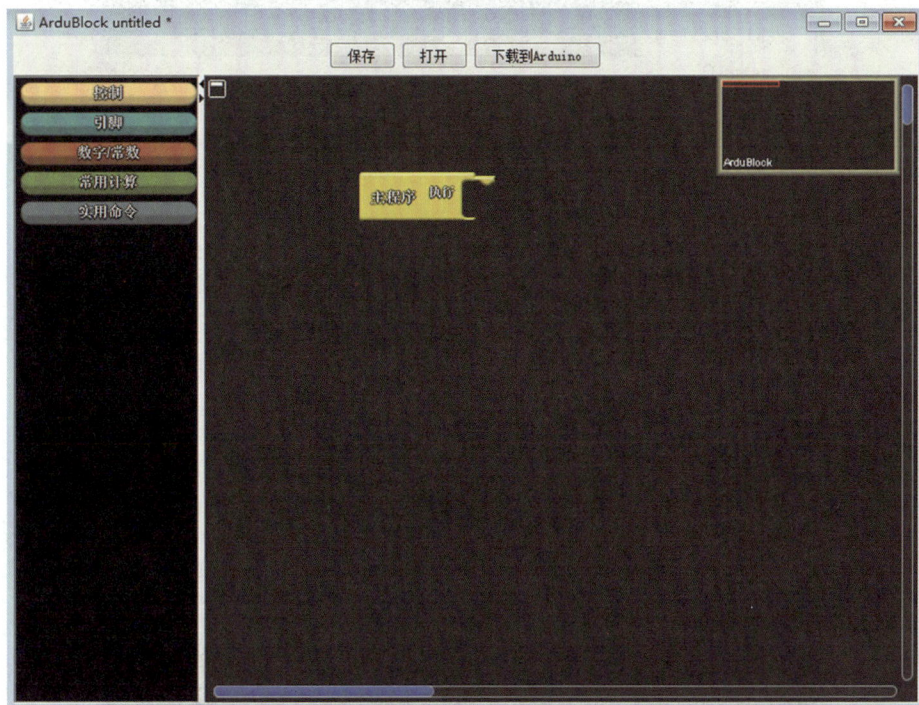

图 2-2-10　主程序

　　然后，我们从"引脚"模块库中拉出"设定数字针脚值"模块，在模块的红色六边形中可以修改针脚号，红色椭圆形中可以修改高电平 1（HIGH）和低电平 0（LOW）。如图 2-2-3 和图 2-2-4 所示，拉出两个设定数字针脚值并连接到主程序上，均设置成针脚 2，但一个设置成 LOW，另一个设置成 HIGH，点击下载到 Arduino。转到 Arduino IDE 界面，可以看到 ArduBlock 把图形化语言转换成代码，并且编译下载到 Arduino UNO。也可以在图 2-2-11 基础上，在 Arduino IDE 中修改程序，从 Arduino IDE 下载程序。对于较复杂的程序，用 ArduBlock 编写出程序结构，然后在 Arduino IDE 界面中微调，让初学者从复杂的语法和枯燥的打字中解脱出来，专注于体验编程的乐趣，这就是本书选择图形化语言与 Arduino 代码语言相结合的原因之一。

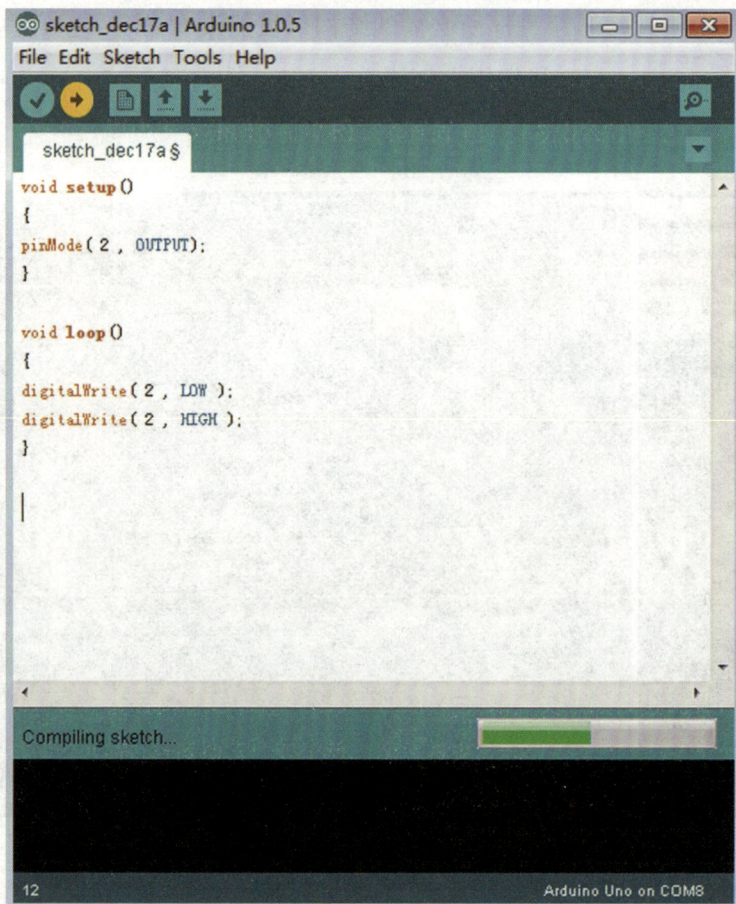

图 2-2-11　Arduino IDE 界面

　　下载完成以后，LED 的确亮了，但它为什么不闪烁呢？那是由于"眼睛的视觉暂留"导致的。当物体移开时，视神经对物体的印象不会立即消失，而要延续约 0.1s 的时间。电影就是利用了这种原理，当人在观看影片时，实际上银幕上放映的是一张一张不连续的图像，每秒钟更换 24 张图像。由于视觉暂留作用，人感觉到的动作却是连续的。那要想看到 LED 闪烁怎么办呢？很简单，增加延迟。ArduBlock 中有两种延迟，毫秒级延迟和微秒级延迟，换算方法是 $1000\,\mu s = 1ms$，$1000ms = 1s$。这两个延迟命令在不同版本的 ArduBlock 中位置不太一样。本书所用版本的延迟命令位置在实用命令模块中。如图 2-2-12 所示，在低电平模块和高电平模块都增加 1s（1000ms）延迟，下载完成后就看到 LED 不断地闪烁了。

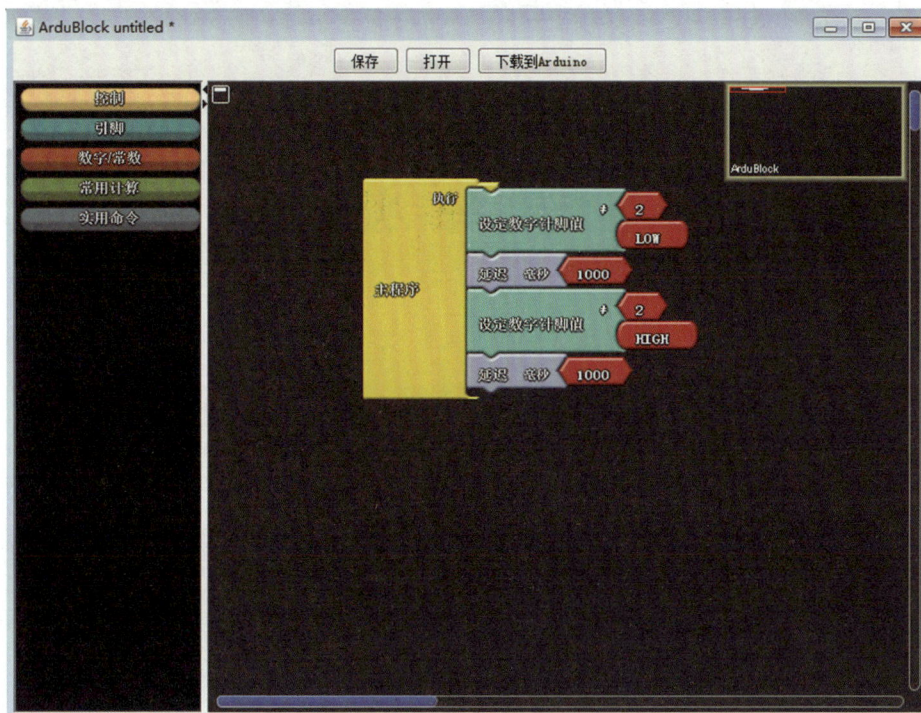

图 2-2-12　加延迟后的程序

五、试试你的眼睛有多棒

不同人的眼睛分辨闪烁的能力是不太一样的，同一个人在不同状态下分辨闪烁的能力也是不一样的。你可以修改延迟时间，使其逐渐变小，找到自己眼睛分辨闪烁的临界值。也可以测试在不同状态下（如清醒和特别困的时候）有无区别。

练习题

1. 试分析拉电流驱动 LED 方法和针脚驱动 LED 方法的原理。

2. 做 LED 闪烁实验时，只在低电平模块或只在高电平模块后加延迟行不行？为什么？试试看和你想的一样吗？

3. 你的父母或爷爷、姥爷喝酒吗？测试一下他们喝酒前和喝酒后眼睛对闪烁的临界值有无变化。

51

第三节
跑　马　灯

一、跑马灯简介

　　跑马灯又叫走马灯、串马灯，它在过去是一种表演节目。现在的跑马灯已经非常多了，但它们通常是通过 LED 交替点亮来实现显示效果的。下面我们用红、黄、绿三种 LED 来制作跑马灯。

二、跑马灯电路的连接

　　LED 仍然采用灌电流接法，原理图和 3D 图如图 2-3-1 和图 2-3-2 所示。

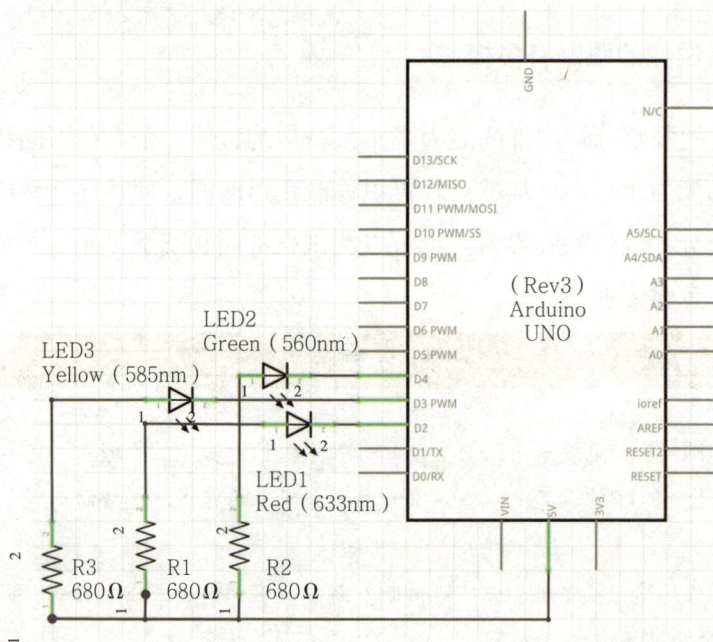

图 2-3-1　"跑马灯"电路原理图

图 2-3-2 "跑马灯" 电路 3D 图

按照原理图连接电路,编写程序,完成如下任务:三个发光二极管按黄、红、绿、红的顺序依次逐个点亮(黄灯点亮,1s 后熄灭,红灯立即点亮,1s 后熄灭,绿灯立即点亮,1s 后熄灭,红灯立即点亮,1s 后熄灭),点亮一遍后熄灭全部发光二极管,延时 2s,然后执行下一遍。共执行四遍后熄灭所有发光二极管。

关于如何点亮、熄灭与延时 LED,上节已经学习过,下面来介绍如何用 ArduBlock 实现执行遍数和保持熄灭状态。执行遍数在 ArduBlock 中很容易实现,只需拉出如图 2-3-3 所示的重复语句模块,直接修改遍数,在缺口处编写要重复的程序段即可。让 LED 保持熄灭状态有点麻烦,因为 Arduino UNO 默认是个死循环,它要不断地重复执行,这里需要当循环来解决这个问题(图 2-3-4)。程序执行到当循环模块后,单片机会先判断条件是否满足,如果条件满足,则执行缺口中编写的程序,执行完毕后继续判断条件是否满足,如条件满足继续执行缺口中的程序,如条件不满足

图 2-3-3 重复语句　　　图 2-3-4 当循环语句　　　图 2-3-5 常数"真"

则跳出循环，执行下面的语句。由于这次是要 LED 保持熄灭状态，也就是要求程序永远也跳不出当循环语句，这时可以在条件满足处放一个常数"真"（图 2-3-5），这样每次判断条件满足时都是满足的，也就是单片机永远也跳不出该循环了，但这时实际上单片机还在工作，只是在效果上实现了 LED 保持熄灭状态。编写完成的程序如图 2-3-6 所示。程序开始将针脚 2 和针脚 4 都设置成了高电平（熄灭 LED）是因为程序初始状态针脚 2 和针脚 4 默认是低电平，如果不这样编写会导致开始时三个 LED 均点亮。程序执行后，单片机先将针脚 2 设置成高电平（熄灭红色 LED），接着将针脚 3 设置成低电平（点亮黄色 LED），再将针脚 4 设置成高电平（熄灭绿色 LED），虽然单片机是一步一步执行的，但由于执行速度太快了，因此人们并没有感觉到红色和绿色 LED 开始被点亮。

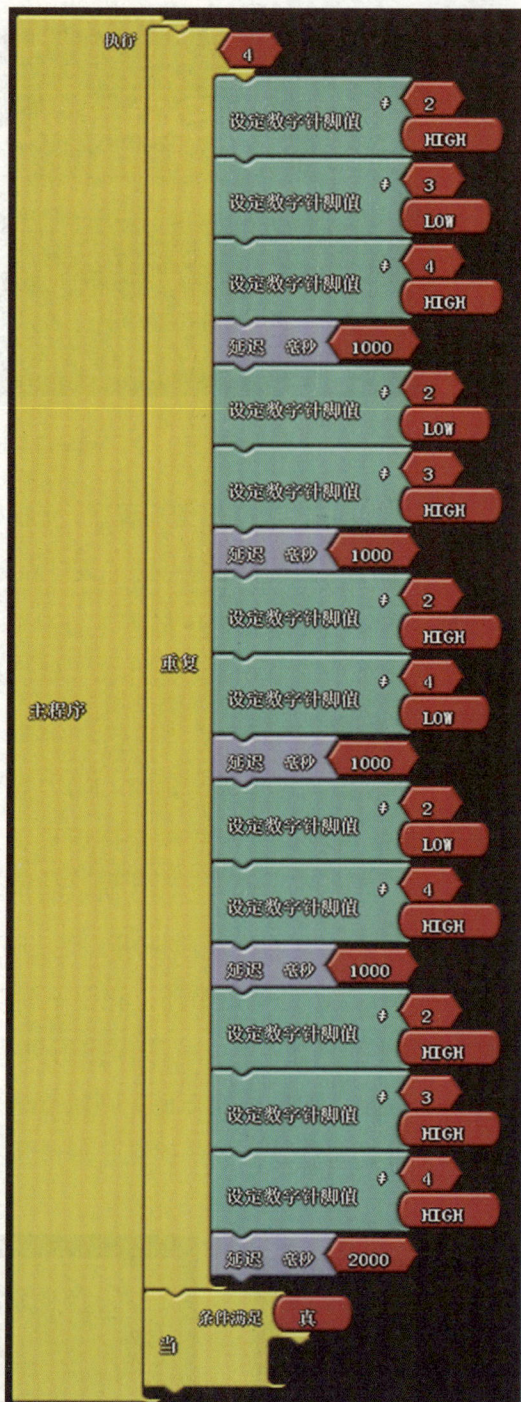

图 2-3-6 "跑马灯"制作程序

三、用 Arduino UNO 控制双色二极管

双色发光二极管又叫双色二极管、双色 LED、三色灯。它是在一个封装结构内设置两只不同颜色的发光二极管，一般是封装了红色和绿色。双色二极管有共阴极和共阳极之分，共阴极指两种颜色的 LED 的阴极脚连在一起共同引出一个针脚；共阳极指两种颜色的 LED 的阳极脚连接在一起共同引出一个针脚。它们的原理图如图 2-3-7 和图 2-3-8 所示，实物图如图 2-3-9 所示。

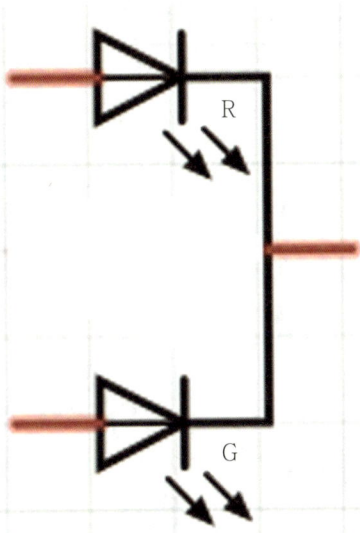

图 2-3-7　共阴极双色二极管

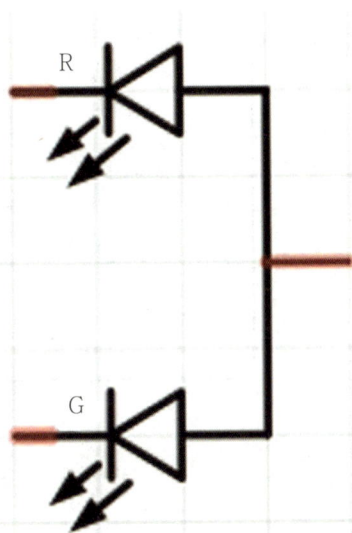

图 2-3-8　共阳极双色二极管

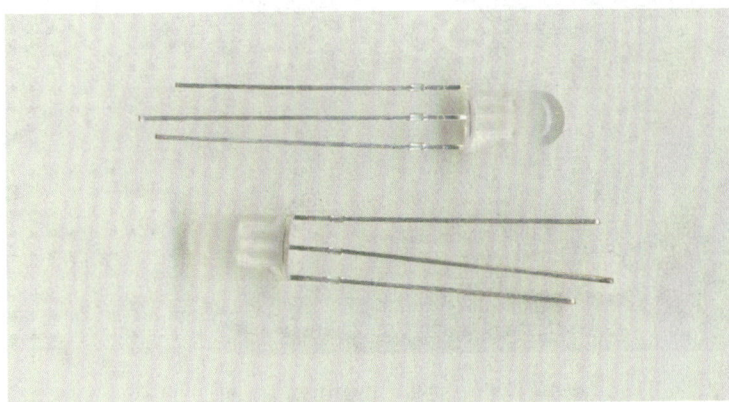

图 2-3-9　双色二极管实物

从原理图可以看出，一个双色二极管就相当于两个发光二极管，因此，用 Arduino UNO 控制它的方法和控制跑马灯的是一样的。原理图和 3D 图如图 2-3-10 和图 2-3-11 所示。

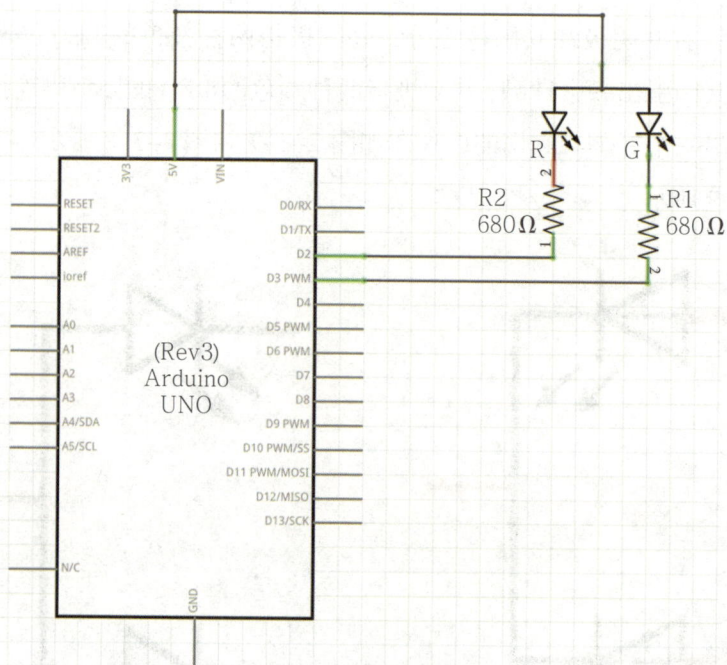

图 2-3-10　双色二极管电路原理图

图 2-3-11　双色二极管电路 3D 图

地铁列车经常用双色二极管指示到站情况，如图2-3-12所示。下面来模拟北京地铁2号线宣武门站列车指示灯情况，要求程序运行后，双色二极管亮、灭4次，亮为绿色，灭为无色，亮、灭时间均为1s，以此表示列车进站。然后，三色灯亮、灭4次，但亮为红色，灭为无色，亮、灭时间均为1s，以此表示列车出站。最后三色灯保持红色，表示列车已远离该站。用Ardublock编程情况，如图2-3-13所示。

图2-3-12　地铁到站指示牌

四、电路连接的简化实验

有时为了节约实验时间，或是方便初学电路的学生，会把本节中的电路简化，去掉一些电阻，而这种方法在工业设计时是不太合适的，但作为学生实验，特别是做每次只亮一个LED的流水灯类实验时，还是可以的，这时的原理图及3D图如图2-3-14和图2-3-15所示。同样，在做双色二极管实验时，原理图及3D图如图2-3-16和图2-3-17所示。

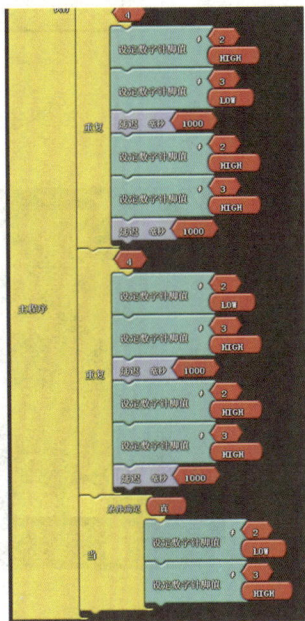

图2-3-13　地铁列车指示灯制作程序

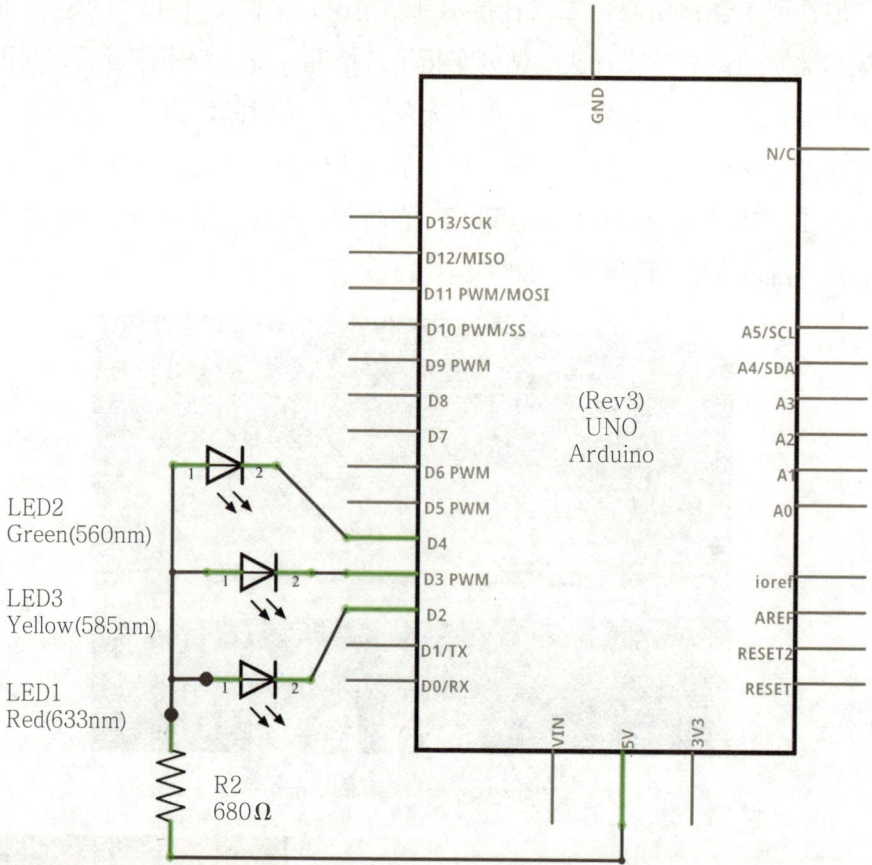

图 2-3-14　简化版跑马灯电路原理图

图 2-3-15　简化版跑马灯电路 3D 图

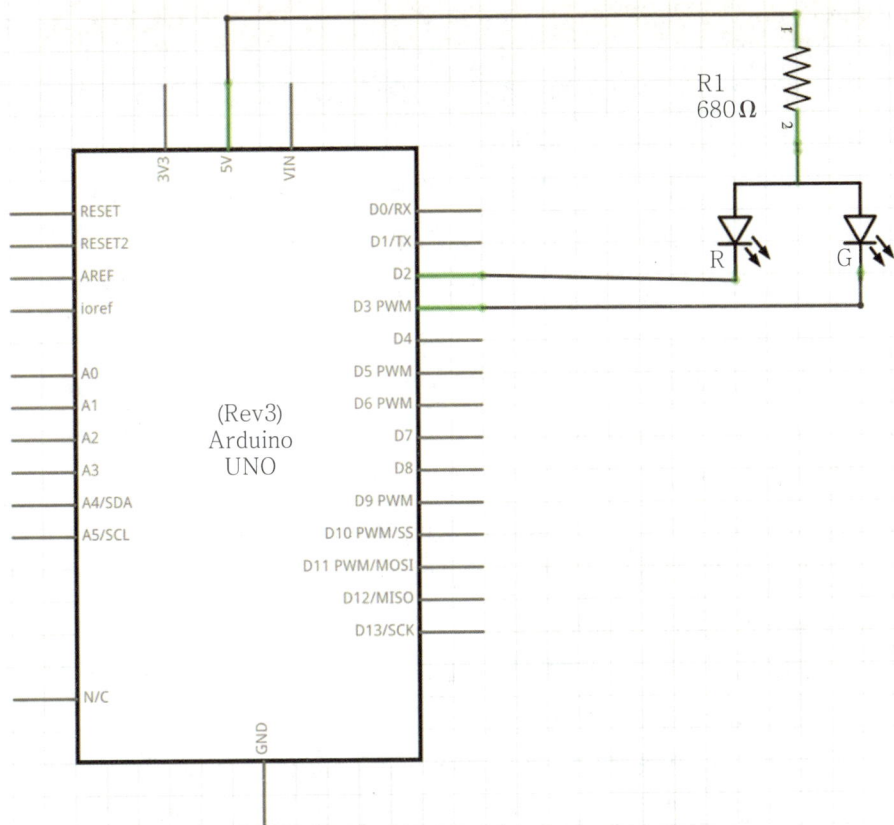

图 2-3-16　简化版双色二极管电路原理图

图 2-3-17　简化版双色二极管电路 3D 图

练习题

1. 节日里我们经常看到五彩缤纷的彩灯，这些彩灯以不同的形式闪烁，为大家增添了多彩的节日气氛。

请使用 Arduino UNO 单片机和三支发光二极管模拟节日彩灯，红、黄、绿色发光二极管各一个，按以下要求搭建电路，编写程序：

（1）发光二极管须配有 1kΩ 限流电阻，由左至右按红、黄、绿的顺序横向排列。

（2）程序执行后，按红、黄、绿、黄的顺序依次逐个点亮（红灯点亮 1s 后熄灭，黄灯立即点亮，1s 后熄灭，绿灯立即点亮，1s 后熄灭，黄灯立即点亮，1s 后熄灭）。

（3）点亮一遍后熄灭全部发光二极管，延时 3s，然后执行下一遍。

（4）共执行三遍后熄灭所有发光二极管。

2. 微波炉通常使用指示灯提示不同的工作状态。

请使用 Arduino UNO 单片机、双色发光二极管模拟微波炉的指示灯，按以下要求搭建电路，编写程序：

（1）三色灯阳极脚串联 680Ω 电阻限流，显示颜色清晰、稳定。

（2）程序执行后，三色灯红色、无色重复 3 次，亮、灭延时为 0.5s，表示微波炉准备启动。

（3）随后三色灯保持红色，表示微波炉开始工作。

（4）5s 后，三色灯保持熄灭状态，表示微波炉停止工作。

第四节
八段数码管

一、八段数码管简介

八段数码管是一种常用的显示数字的数码管。它们在我们生活中非常常见，大街上穿行的各路公交车经常用它们来显示线路号（图2-4-1）。八段数码管其实是由多个发光二极管组成，常见的八段数码管外形及其引脚分布如图2-4-2所示。

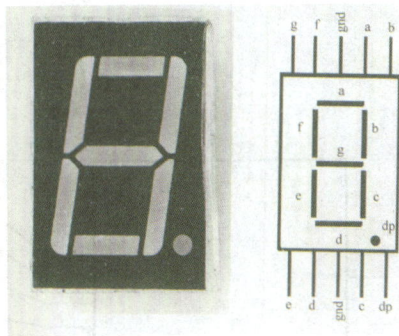

图2-4-1　公交车线路号　　　　图2-4-2　八段数码管外形及其引脚分布

市场上常见的数码管有共阴极数码管和共阳极数码管。两种数码管的原理图如图2-4-3和图2-4-4所示。

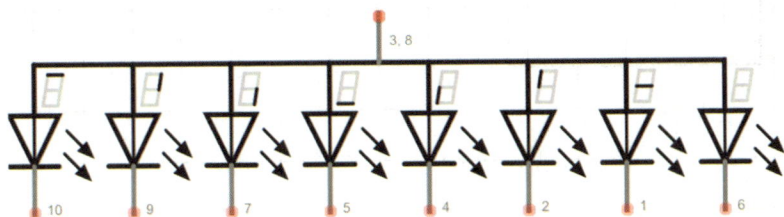

图2-4-3　共阳极数码管原理图

61

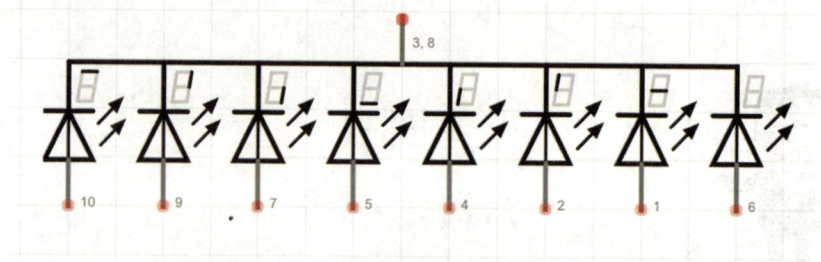

图 2-4-4　共阴极数码管原理图

二、用 Arduino UNO 控制八段数码管

由于小的八段数码管就是由八个（含点）LED 以共阳极或共阴极方式连接组成，因此用 Arduino UNO 控制它们的方法控制双色二极管的方法类似。本节仍然以共阳极为例，原理图如 2-4-5 所示。

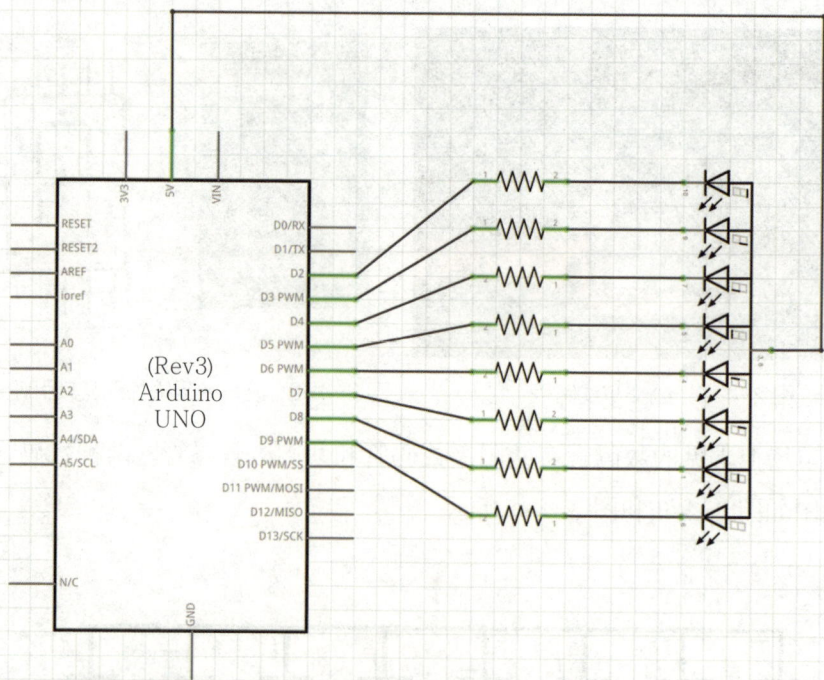

图 2-4-5　Arduino UNO 控制数码管原理图

然而，这种连接方法在做实验时需要连接的电阻器太多，用到的面包线有 17 根之多，对于初学者而言难度有些高。因此，在做实验时，经常

用到简化的版本，如图 2-4-6 和图 2-4-7 所示。这种方法在点亮一段或多段时会发生亮度变化，为了电路稳定还需要牺牲 LED 亮度从而选择较大阻值电阻，因此不太适合用它制作电子产品，大多只用于要求不严格的学生实验。

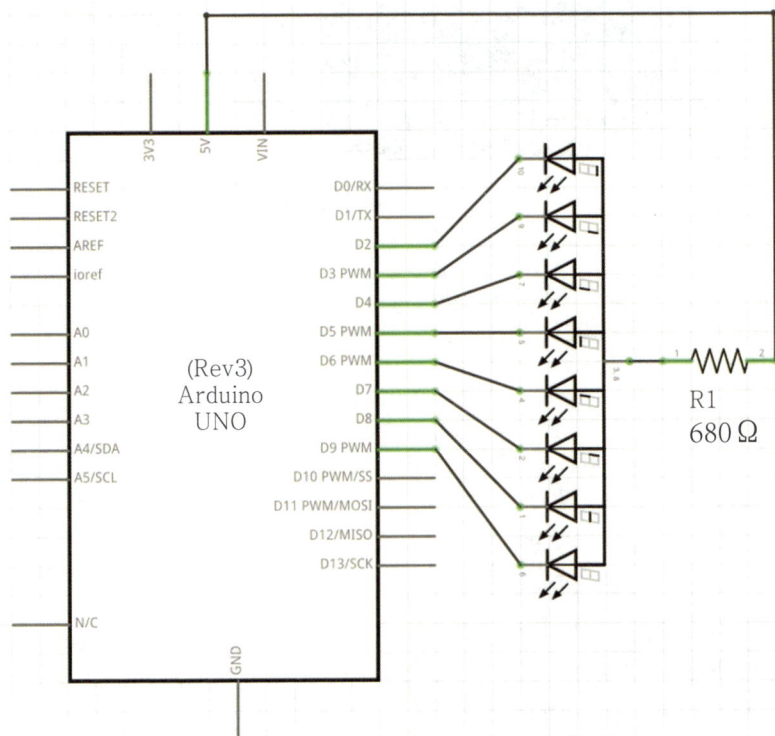

图 2-4-6　简化版 Arduino UNO 控制数码管简化版原理图

三、用 Arduino UNO 控制数码管显示数字

电路搭接完毕（图 2-4-7），就可以编写程序显示数字了。下面制作一个倒计时显示装置，让数码管倒计时显示 3、2、1，每个数字显示 1s，然后关闭所有段的数码管。数码管显示不同的数字，实际上就是同时点亮不同段的 LED，例如，显示 3 就是同时点亮 a、b、c、d、g 段数码管，显示 2 就是同时点亮 a、b、g、e、d 段数码管，显示 1 就是同时显示 b 和 c 段数码管（约定俗成 1 用 b、c 段而不是 f、e 段）。编写程序如图 2-4-8 所示。

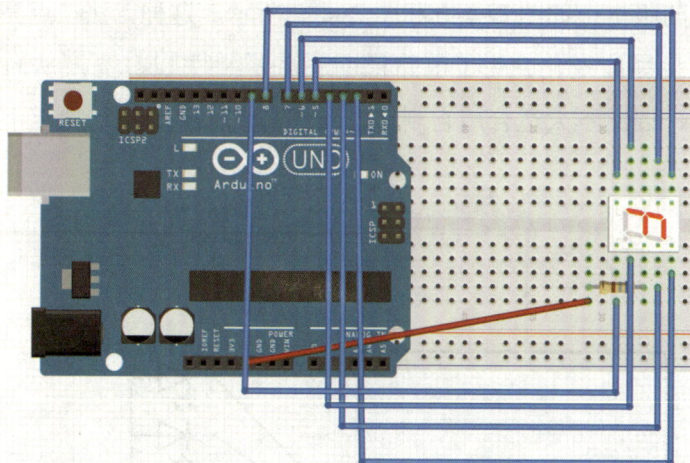

图 2-4-7　简化版 Arduino UNO 控制数码管 3D 连接图

对应 C 语言程序：

```
void setup()
{
pinMode( 3 , OUTPUT);
pinMode( 8 , OUTPUT);
pinMode( 4 , OUTPUT);
pinMode( 2 , OUTPUT);
pinMode( 7 , OUTPUT);
pinMode( 9 , OUTPUT);
pinMode( 6 , OUTPUT);
pinMode( 5 , OUTPUT);
}
void loop()
{
digitalWrite( 2 , LOW );
digitalWrite( 3 , LOW );
digitalWrite( 4 , LOW );
digitalWrite( 5 , LOW );
digitalWrite( 6 , HIGH );
digitalWrite( 7 , HIGH );
digitalWrite( 8 , LOW );
```

```
digitalWrite( 9 , HIGH );
delay( 1000 );
digitalWrite( 4 , HIGH );
digitalWrite( 6 , LOW );
}
delay( 1000 );
digitalWrite( 2 , HIGH );
digitalWrite( 4 , LOW );
digitalWrite( 5 , HIGH );
digitalWrite( 6 , HIGH );
digitalWrite( 8 , HIGH );
delay( 1000 );
while ( true )
{
digitalWrite( 4 , HIGH );
digitalWrite( 3 , HIGH );
}
```

四、用数码管显示字母

数码管不仅可以显示数字，有时为了降低成本，还用它来显示字母。经常用数码管显示的大写字母有 C、E、F、H、L、P、U 等，小写字母 c、d、h、q 等。

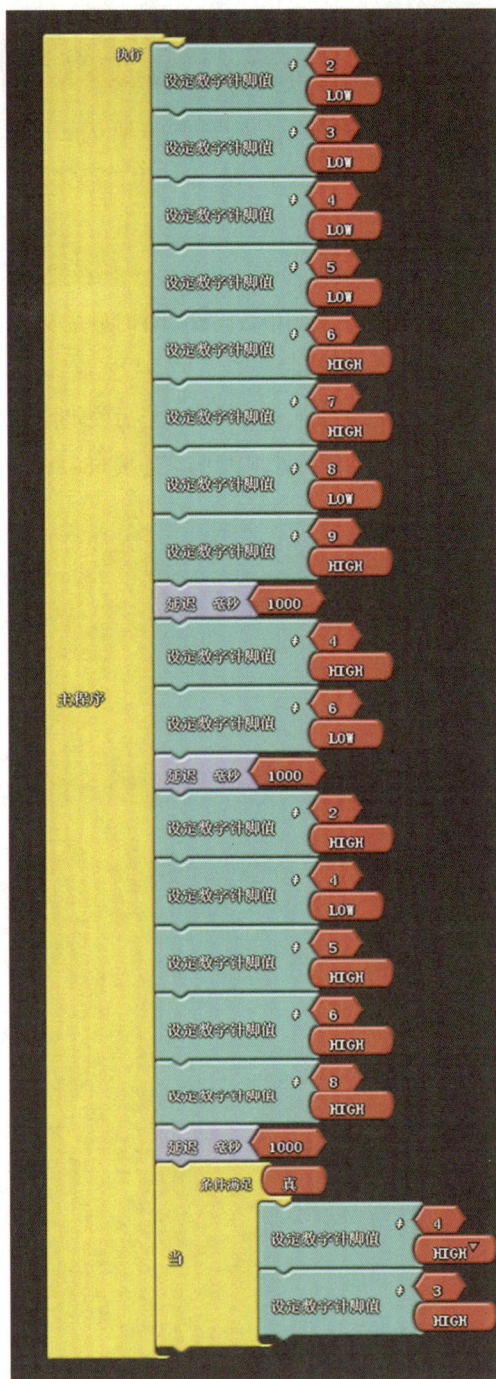

图 2-4-8 数码管显示 3、2、1 程序

65

练习题

1. 请在生活中找找哪些地方应用了数码管，并写出来。

2. 智能洗衣机经常使用数码管作为倒计时装置显示各种模式时间的变化。

请使用 Arduino UNO、共阳极数码管模拟倒计时装置，要求如下：

（1）共阳极数码管倒计时显示 9、8、7，每个数字显示 1s，表示洗衣机从 9s 倒计时到 7s。

（2）数码管显示 7 完毕后关闭各段，模拟由于意外断电显示被终止。

（3）数码管阳极脚须连接 680Ω 电阻限流，显示的数字清晰、不闪烁。

一、蜂鸣器的分类

蜂鸣器是一种简易的发生设备，它灵敏度不高，但成本低廉，因此常用在计算机、定时器等对声音标准要求不是很严格的地方。根据蜂鸣器内部有无振荡源，它可以分为有源蜂鸣器和无源蜂鸣器，如图 2-5-1 所示。有源蜂鸣器内部有振荡电路，因此只需接到合适的直流电上即可发出声音；无源蜂鸣器内部没有振荡电路，需要接到一定频率的振荡电路中才可以发出声音。

图 2-5-1　有源蜂鸣器和无源蜂鸣器

二、蜂鸣器的驱动

与发光二极管相比，蜂鸣器所需电流较大，有的蜂鸣器所需电流会超过 Arduino UNO 端口可以提供的最大电流。因此，驱动蜂鸣器并不像驱动

LED 一样直接接到端口就可以了，而是要使用一个三极管来实现。原理图和 3D 图如图 2-5-2 和图 2-5-3 所示。当端口 2 输出高电平 5V 时，三极管 Q1 导通,相当于开关闭合；当端口 2 输出低电平 0V 时,三极管 Q1 截止,相当于开关断开。

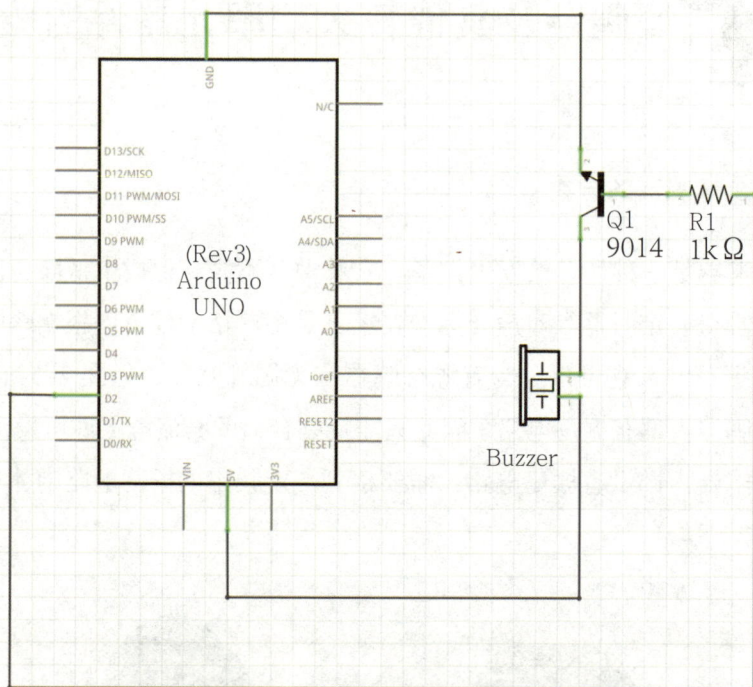

图 2-5-2　蜂鸣器电路原理图

图 2-5-3　蜂鸣器电路 3D 图

三、使用有源蜂鸣器发出报警音

有源蜂鸣器控制比较简单，只需接到合适的直流电源上就可以了。我们选取 5V 有源蜂鸣器，如图 2-5-2 所示连接电路，当端口 2 输出高电平时，蜂鸣器就发出"哔哔"声。

有源蜂鸣器发出的声音比较刺耳，并不好听，因此常用它来做报警器。下面用有源蜂鸣器来模拟微波炉的报警音。用红色发光二极管表示微波炉启动，30s 后，发光二极管熄灭，代表时间到。有源蜂鸣器以启动 1s，停 0.5s 的频率发声报警三次后停止。原理图如图 2-5-4 所示。

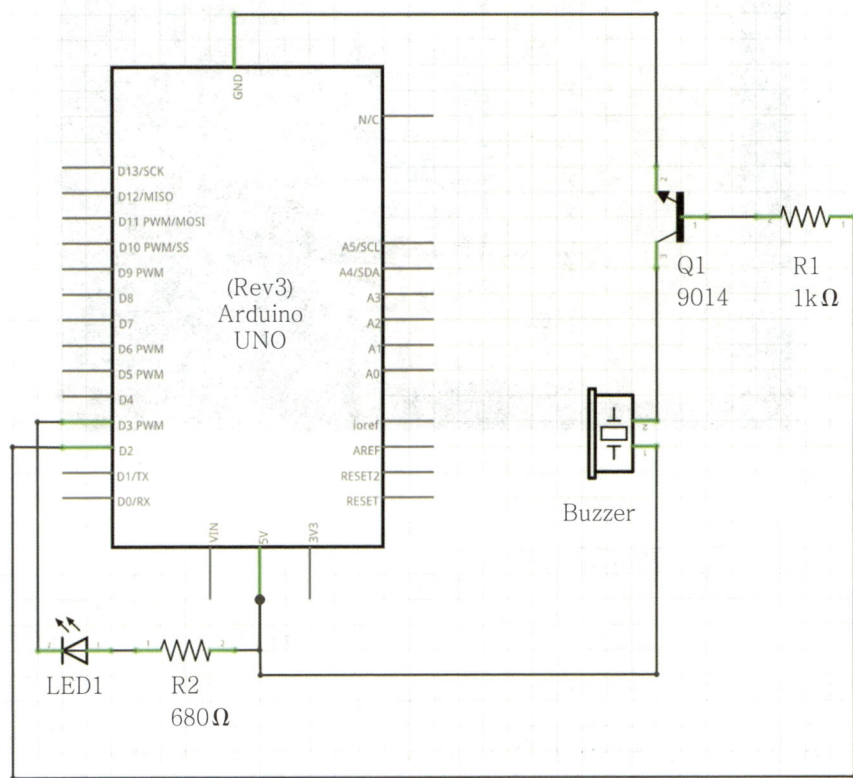

图 2-5-4　有源蜂鸣器报警原理图

用 ArduBlock 编写的程序如图 2-5-5 所示。

69

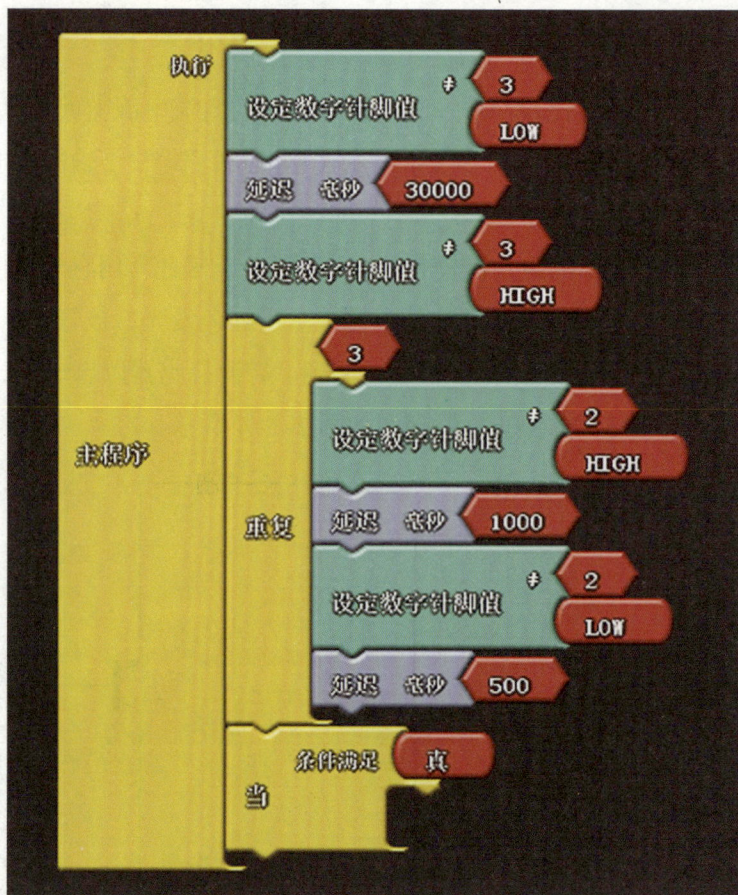

图 2-5-5　报警器程序

四、使用无源蜂鸣器发出音阶

声音是由物体振动产生的。声音的大小是由振幅决定，而音调则是由频率决定。无源蜂鸣器内部没有振荡源，它发出的声音由接入的振荡源决定。我们可以自己编写一定频率的振荡源控制它，但 ArduBlock 有专门的模块产生音频，如图 2-5-6 所示。

图 2-5-6　音频模块

70

下面编写程序来发出中音 C 调的基本音阶。各个音阶对应的频率如表 2-5-1 所示。

表 2-5-1 各个乐音对应的频率

音阶	1（Do）	2（Re）	3（Mi）	4（Fa）	5（So）	6（La）	7（Si）
频率（Hz）	262	294	330	349	392	440	494

编写程序使蜂鸣器连续发出 Do、Re、Mi、Fa、So、La、Si，每个音阶演奏 1s，然后停顿 1s，再次重复演奏。程序如图 2-5-7 所示。

五、小电动机和继电器的驱动

利用三极管来增大单片机端口驱动能力的方法是非常常用的，例如直流小电动机、继电器等都可以这样驱动。直流小电动机广泛应用于各种旋转的玩具、模型车等。图 2-5-8 为用三极管驱动直流小电动机的简单方法，但这种方法只能让电动机朝一个方向旋转，要想双方向旋转需要更复杂的电路。

继电器，也称电驿，是一种常用的电子控制器件，它可以实现用小电压（小电流）控制大电压（大电流）。如果想用 Arduino UNO 控制自己家里的电灯或电视就可以选用这种器件。图 2-5-9 是 Arduino UNO 控制继电器的简单方法，二极

图 2-5-7 用蜂鸣器演奏音阶

71

管 1N4001 是用来避免感应电流毁坏三极管而安装的。（注意：在做继电器实验涉及高于 36V 的电压时，一定要在成人监护下进行。）

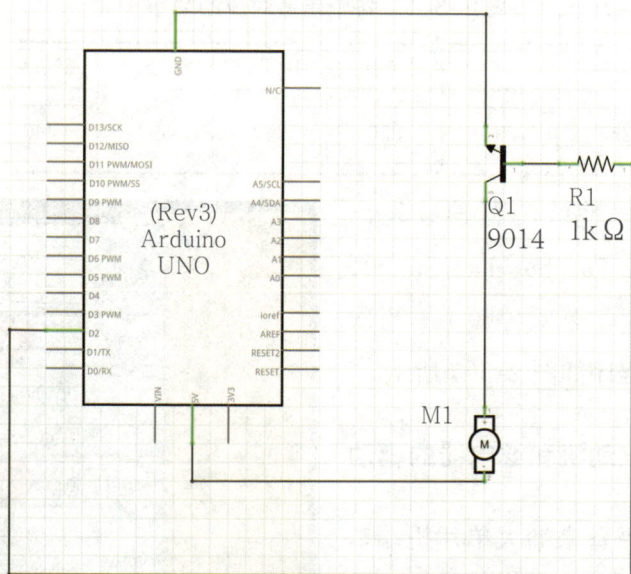

图 2-5-8　用三极管驱动小电动机原理图

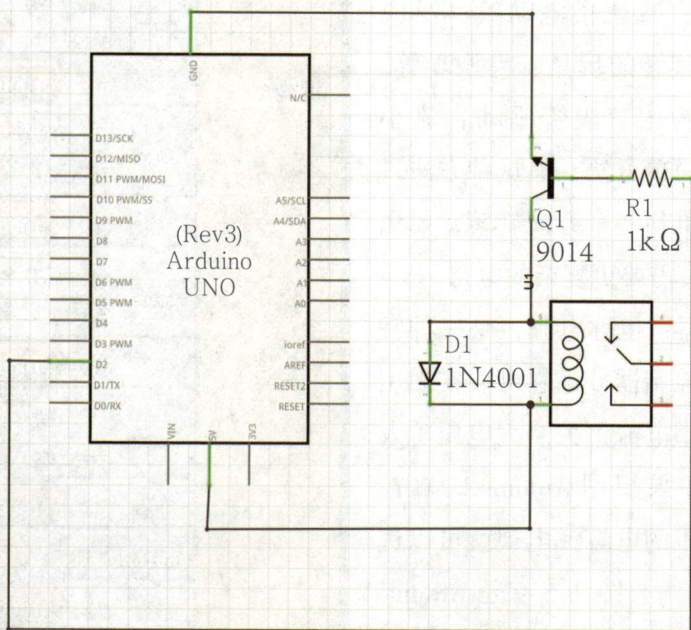

图 2-5-9　控制继电器原理图

1. 用 Arduino UNO 控制无源蜂鸣器演奏一首简单的乐曲。

2. 在网上查找继电器的资料，自己设计一个使用继电器的自动控制实验。（注意：未得到监护人允许，不能进行高于 36V 的实验。）

第二单元 Arduino UNO 的安装及简单元器件的控制

第三单元

简单数字传感器和
简单模拟传感器的使用

第一节
最简单的传感器——轻触开关

一、Arduino UNO 中的 0 和 1

常用的轻触开关可以作为一种非常简单的传感器使用，即我们按下它时，把这个信号传给单片机，从而可以让单片机做出相应的动作。为了弄懂开关的原理，我们先复习一下 Arduino UNO 中的 0 和 1。在 Arduino UNO 中我们常把 0、0V、低电平等价；把 1V、5、高电平等价。因此，对于 Arduino UNO 单片机的数字口作为输入口来说，输入 0，即是输入 0V；输入 1，即是输入 5V。那如果输入 2.5V、3.5 V，单片机怎么辨别呢？在数字口，单片机只认识 0 和 1，如果是其他电压，它会把它归到 0 或者 1。如果不做调整，一般高于 1.1V，Arduino UNO 认为是高电平，低于 1.1V 认为是低电平。但设计电路时，为了保证稳定，尽量让高电平接近 5V，低电平接近 0V。

二、两种连接开关的方式

第一种，按下开关输入 1（图 3-1-1）。分析：当轻触开关 S1 按下时，数字端口 D2 连接到 5V，因此 Arduino UNO 输入的是 1；当开关断开时，数字端口 D2 通过一个 10kΩ 下拉电阻连接到地，因此 Arduino UNO 输入的是 0。

第二种，按下开关输入 0（图 3-1-2）。分析：当轻触开关 S1 按下时，数字端口 D2 通过 10kΩ 电阻连接到地，因此输入的是 0。但当断开时，这时输入的是什么呢？答案是不确定，可能是 1，也可能是 0。为了能让它稳定是 1，我们需要在 Arduino IDE 上把数字端口 2 的模式从 INPUT 改成 INPUT_PULLUP。因为在实际图形化编程中没有 INPUT_PULLUP 指令，所以需要在文本编程界面手工修改，把文字程序的"pinMode（2，INPUT）；"修改为"pinMode（2，INPUT_PULLUP）；"，并且要使用文本界面" 📀 "按钮下载程序。这种连接方式有时可以不连接 10kΩ 电阻，从而电路图简化成图 3-1-3。因为这种方式在面包板上插接元器件简单，所以在做面包板实验时经常被采用。

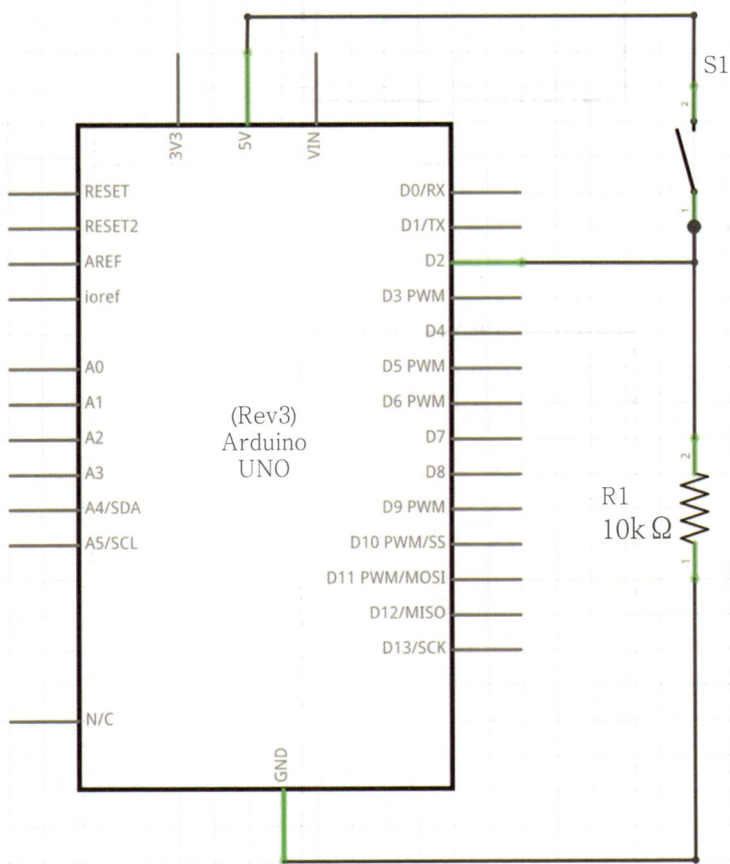

图 3-1-1　按下开关输入 1

第三单元　简单数字传感器和简单模拟传感器的使用

77

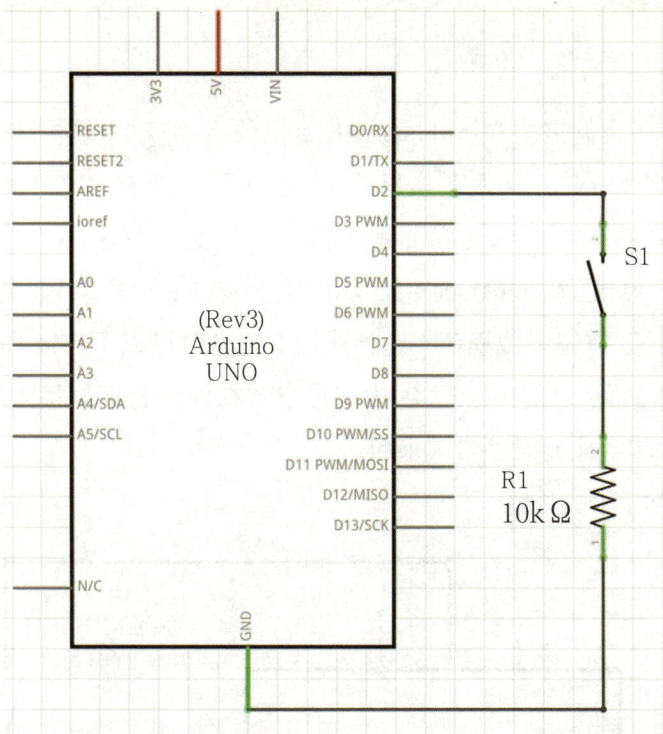

图 3-1-2 按下开关输入 0

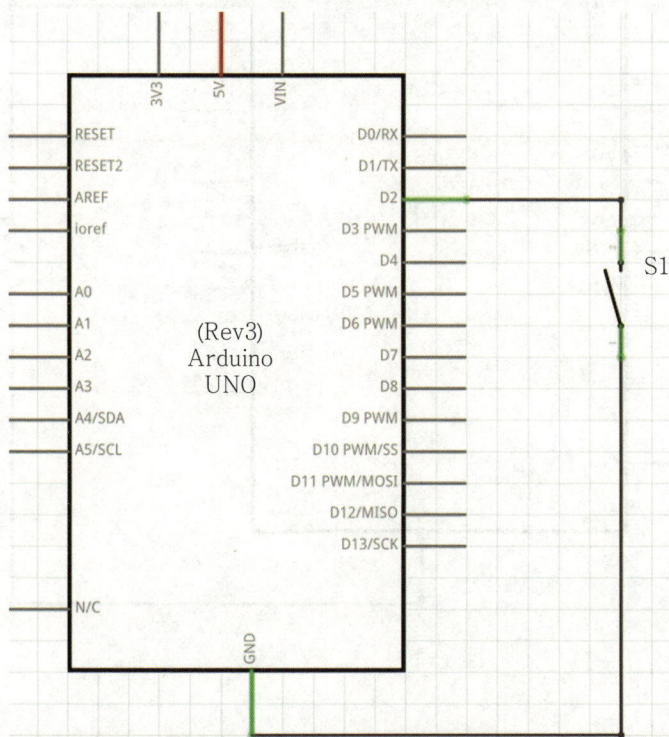

图 3-1-3 简化版按下开关输入 0

三、制作按下开关灯亮，放开开关灯灭的 LED

为了连线简单，我们这里采用开关输入 0 简化版的连接开关的方式。D2 端口接开关，D6 端口接 LED1，如图 3-1-4 和图 3-1-5 所示。

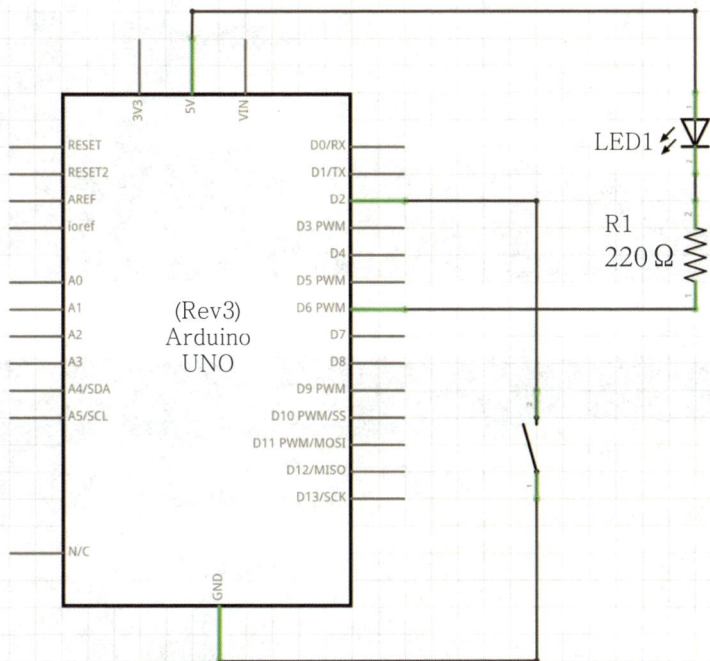

图 3-1-4　按下开关灯亮，放开开关灯灭原理图

图 3-1-5　按下开关灯亮，放开开关灯灭 3D 图

完成按下开关灯亮，放开开关灯灭任务的编程方式有很多，这里列举三种，如图 3-1-6、图 3-1-7、图 3-1-8 所示。

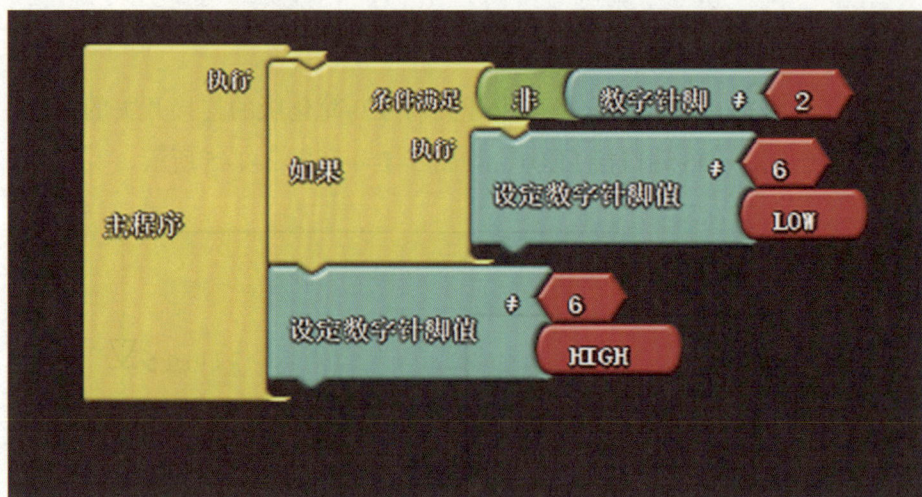

图 3-1-6　第一种方式程序

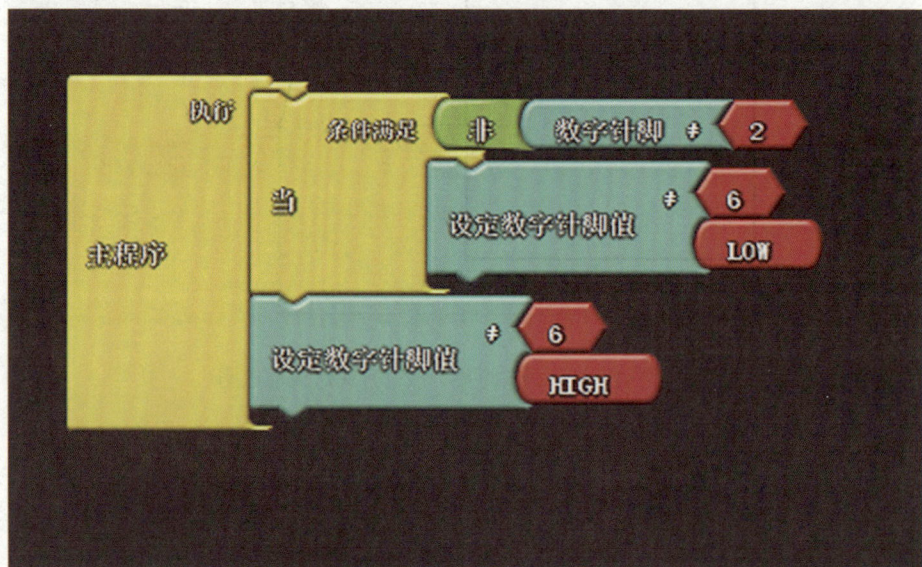

图 3-1-7　第二种方式程序

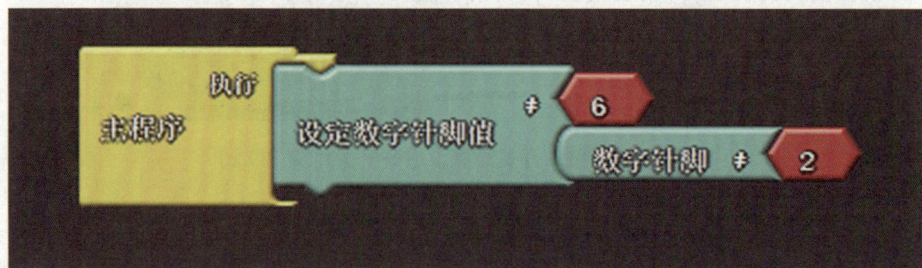

图 3-1-8　第三种方式程序

第一种方式和第二种方式结构差不多，但一个用了"如果"，一个用了"当"，两个显示效果略有不同，一个亮一点，另一个暗一点。因为我们习惯按下开关让程序执行条件满足的程序段，但这种开关连接方式按下是 0，也就是不满足，所以编程时在数字针脚 2 前面加个"非"，让整体变成"真"，条件满足。第三种方式结构最简单，当连接数字端口 2 的开关被按下后，数字端口 2 输入 0，也就是低电平，从而把数字端口 6 设置成低电平，LED 点亮。

四、制作按下开关灯亮，延时一会灯灭的智能灯

楼道里夜晚照明的灯有好多种，其中一种是触摸某个开关后灯点亮延时一段时间后熄灭。下面就来模拟这种灯。电路连接可参照图 3-1-4，让开关被按下后灯点亮 10s 后熄灭，程序如图 3-1-9 所示。

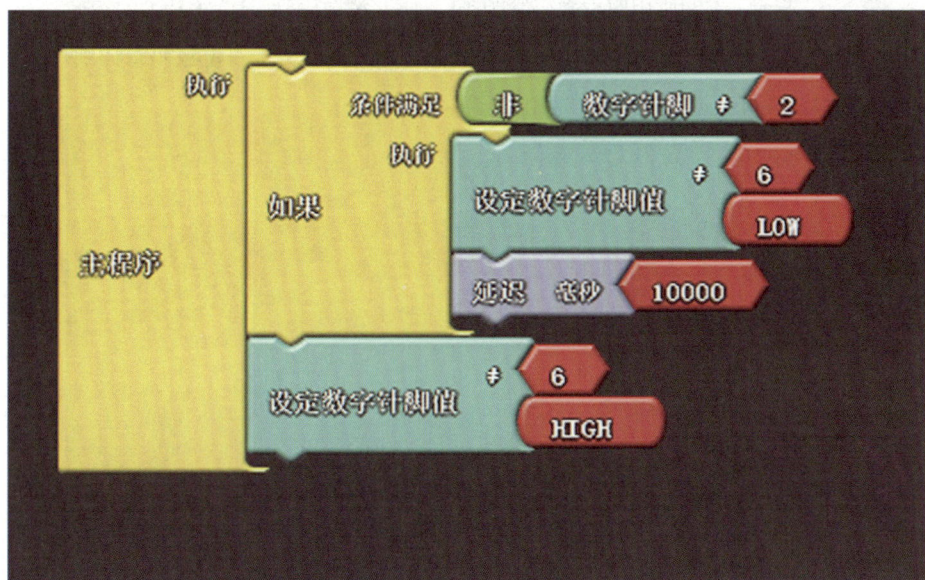

图 3-1-9　延时开关程序

81

练 习 题

1.分析图 3-1-6 和图 3-1-7 的效果有何不同，为什么？

2.智能洗衣机能够通过数码管显示工作模式，用户通过按键调整数码管上的数字可以改变洗衣方式。

请使用 1 个按键、双位数码管和单片机来模拟洗衣机工作模式设定和显示，按如下要求设计电路，编写程序：

（1）数码管的位选脚 DIG1 须连接 620Ω 电阻限流，显示的数字清晰、不闪烁。

（2）未按键，数码管无显示，代表洗衣机未设置洗衣模式。

（3）按下键后，双位数码管的左侧一位保持显示数字"2"，代表洗衣机工作在甩干模式。

（4）5s 后数码管自动关闭各段，等待下一次按键。

（提示：本题所用双位数码管为 10 管脚双位数码管，DIG1 和 DIG2 分别为左边一位数码管和右边一位数码管的公共端。关于双位数码管详细资料读者可通过百度搜索"双位数码管"查找。）

第二节
按 钮 开 关

一般情况下，我们家里的灯主要通过开关控制，按下开关灯打开，再按下灯熄灭；另而一些较高级的客厅灯，按一下开关，则可点亮多个 LED；再按一下，点亮许多七彩 LED，模拟舞厅的效果；再按一下，则点亮正常的节能灯；再按一下，灯熄灭。那么我们如何用 Arduino UNO 实现这些呢？

一、变量和常量

编写程序时总要和各种数据打交道，如延时等待的时间。我们以前接触的量程序执行自始至终都是不变的，这叫常量（图 3-2-1）；而有时，我们希望数据在程序执行过程中能够改变，因此，引入了变量。变量是指在程序中用来代表数据的字符，这些字符代表的数值可以改变。变量有多种类型，本书常用的有数字变量和模拟变量（图 3-2-2）。

图 3-2-1 ArduBlock 环境中的常量

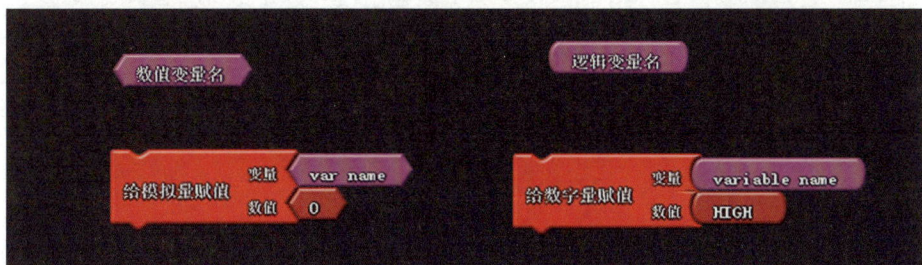

图 3-2-2 ArduBlock 环境中的部分变量

二、制作按钮开关

有了变量，我们就可以用 Arduino UNO 制作常见灯的开关了。按照图 3-1-4 连接电路图。用 ArduBlock 编写的程序如图 3-2-3 所示。注意实验时在 Arduino IDE 中把"INPUT"修改为"INPUT ＿ PULLUP"。

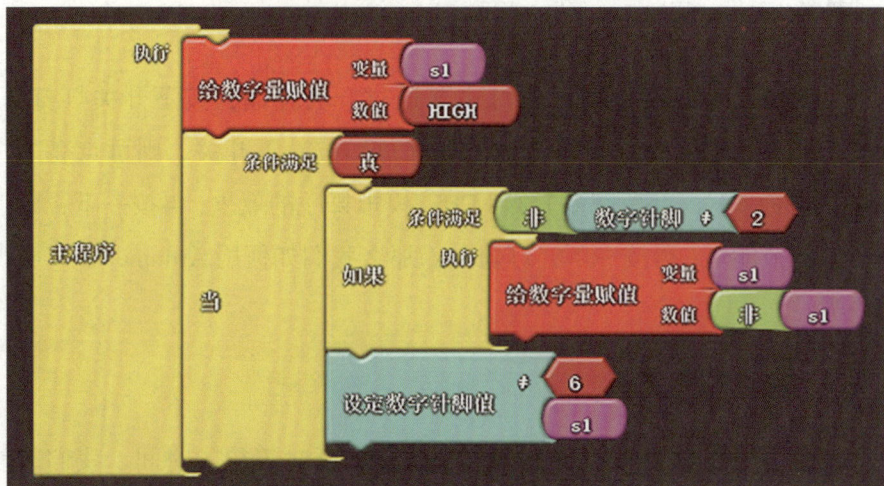

图 3-2-3　简化版开关程序（1）

之所以程序看着很复杂，是因为该版本的 ArduBlock 不能设置初始值。现在有些版本可以设置初始值，从而使程序简化，如图 3-2-4 所示。在本节中使用能够设置初始值的 ArduBlock。

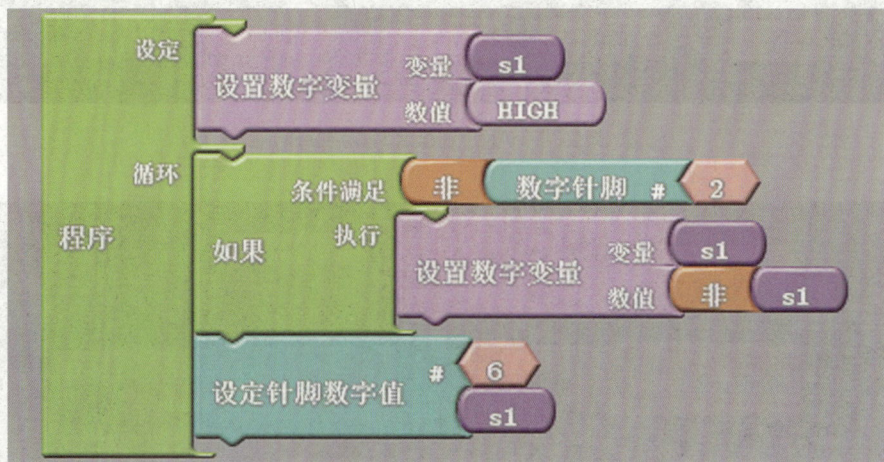

图 3-2-4　简化版开关程序（2）

三、按钮抖动与软件除抖动

按照上述实验，我们发现效果并不是很好，按下按钮，情况和我们想的有时不一样。原因有两个：第一，通常按钮为机械弹性开关，当触点闭合时，由于抖动，感觉是按下了一次，但实际上，触点闭合、断开了多次（断开开关时也有类似情况）。第二，当按下开关时间较长时，Arduino UNO 实际上是多次运行了"如果"模块中的语句，导致最后结果不定。

怎样解决这两个问题呢？开关触点的抖动，一般不会持续很长时间，如果等待 20~100ms，触点就能够稳定接触。我们可以让开关只在断开时改变数值，使其无论按下多长时间，变量的值并不改变。这里提供两种参考程序（图 3-2-5 和图 3-2-6)，大家可以分析一下两种程序的区别。

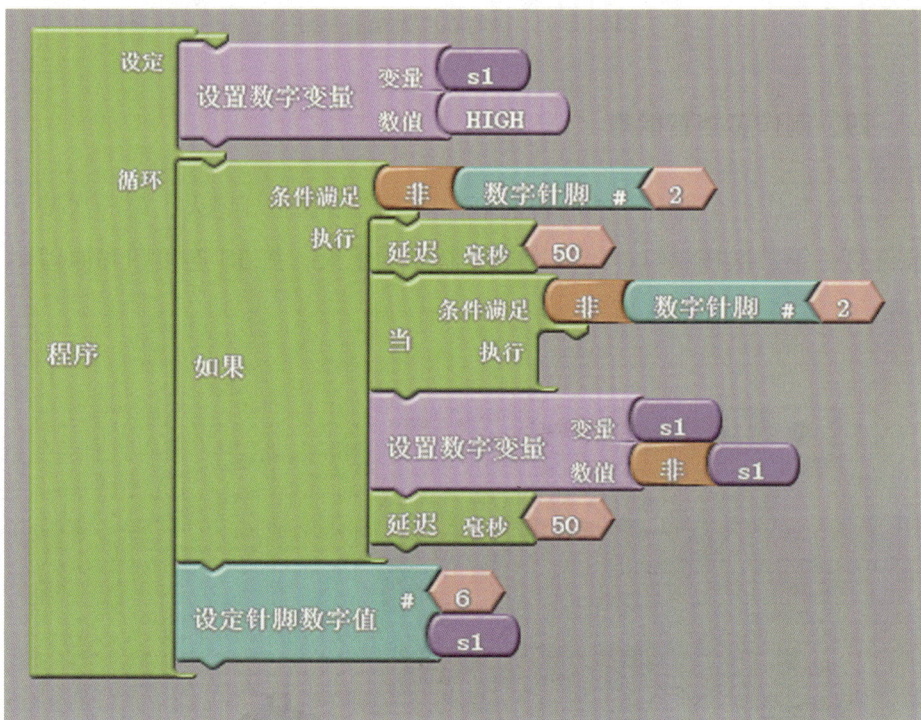

图 3-2-5　延时除抖版程序（1）

85

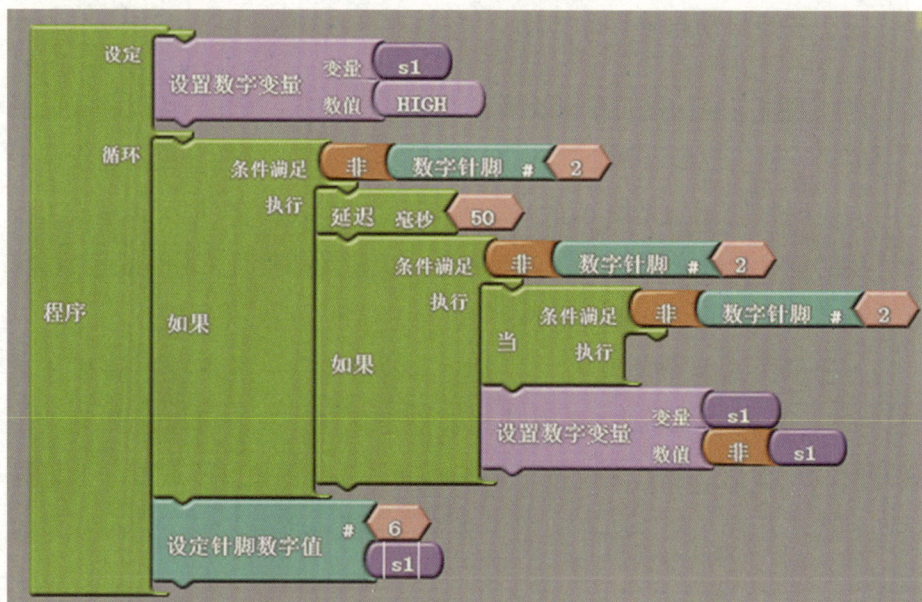

图 3-2-6　延时除抖版程序（2）

四、制作多挡智能灯

　　下面制作一个拥有三挡的智能灯，要求初始状态灯熄灭，第一次按下亮红灯，第二次按绿灯，第三次按所有灯均熄灭。其 3D 连接图和原理图如图 3-2-7 和图 3-2-8 所示。

图 3-2-7　制作多挡智能灯 3D 连接图

86

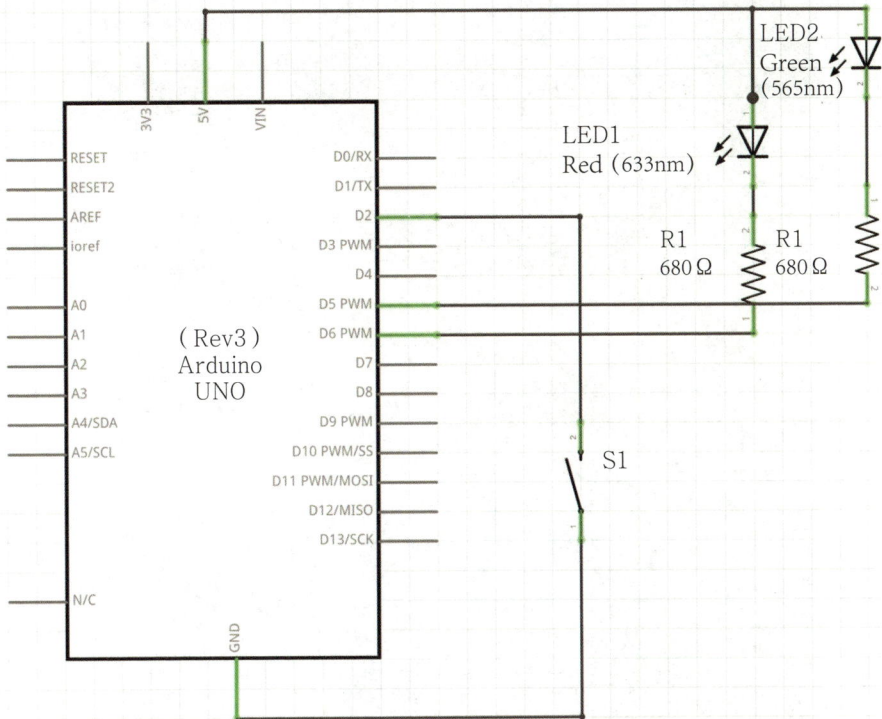

图 3-2-8　制作多挡智能灯原理图

　　编写程序时，设置一个变量，让变量的值不断变化，再让变量为不同值时执行不同命令即可，这次设置的变量为模拟变量。参考程序如图 3-2-9 所示（注意在 Arduino IDE 中修改输入模式）。

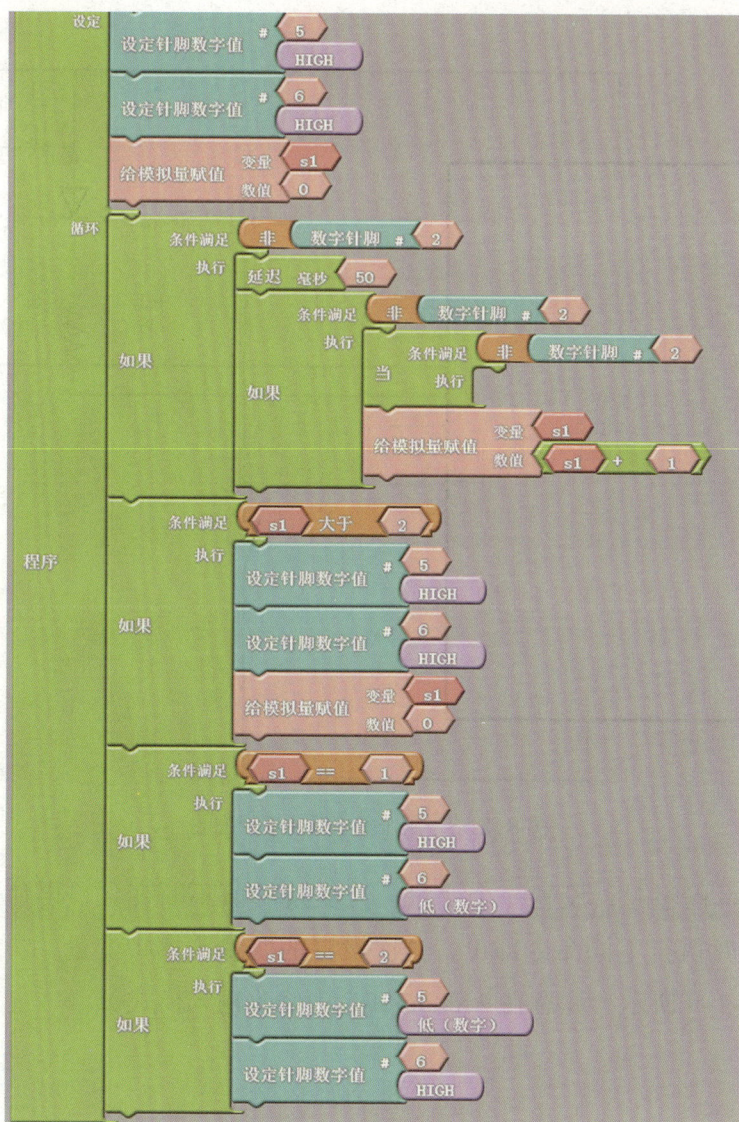

图 3-2-9　制作多挡智能灯程序

练习题

利用 LED 灯制作一个照明灯，供室内活动照明用，光线比较亮，利用轻触开关做开关，按一下，灯亮；再按一下，灯灭；再按一下，灯亮……这个过程可以无限循环。

第三节
智能楼道灯

一、简单数字传感器

Arduino 的传感器有很多种，其中一类传感器由三个针脚连接单片机，分别是 VCC、GND 和 Do（OUT），如声音传感器、光线传感器、红外光电传感器等。这类传感器对于初学者来说，比较容易理解，连接简单，深受爱好者喜欢。它的 VCC 和 GND 针脚连接电源正负极，一般连接到 Arduino 上的 5V 和 GND 即可，Do 针脚连接到 Arduino UNO 的任意数字针脚。这些传感器作用可能很不一样，但它们的返回值，即被 Arduino UNO 数字口接收的值却只能是 0 或者 1，因此，应用传感器的方法就是判断输入口 0 和 1 的变化。

二、声音传感器

声音传感器（图 3-3-1）是上述传感器的一种。它检测声音的元器件

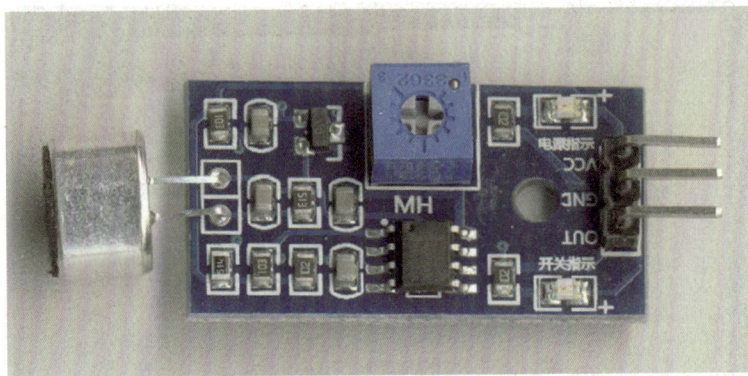

图 3-3-1　声音传感器

89

是驻极体话筒。应用时，声音传感器的 VCC 和 Arduino UNO 的 5V 相连；GND 和 GND 相连；Do 针脚（有的标成 S 或 OUT 等）和任意数字端口相连。电路连好后，对着驻极体话筒说话、拍手或吹气，端口就可以输入 0 或者 1。但具体拍手时输入的是 0 还是 1 呢？不同的声音传感器可能是不同的。下面我们可以编个程序测试一下自己的传感器，如图 3-3-2 所示。

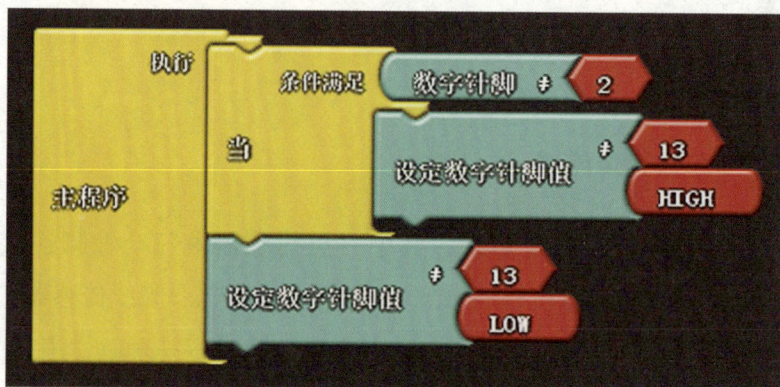

图 3-3-2　声音传感器测试程序

我们将传感器 Do 针脚连接到数字端口 2，利用 Arduino UNO 自带的测试灯，测试灯的点亮方法是让 13 端口输出高电平。因此，测试时，对着驻极体话筒吹气，观察这时 UNO 测试灯的状态就可以判断这时传感器输出的是 0 还是 1。

知道了声音传感器的使用方法，就可以很容易制作出楼道里用的声控延时灯了，如图 3-3-3 所示。要求拍手后，测试灯亮 30s 后关闭。通过调节声音传感器上的电位器，可以调整传感器对声音的灵敏度。本书实验用的声音传感器是有声音时是 1，没声音时是 0，输入端口是数字 2。

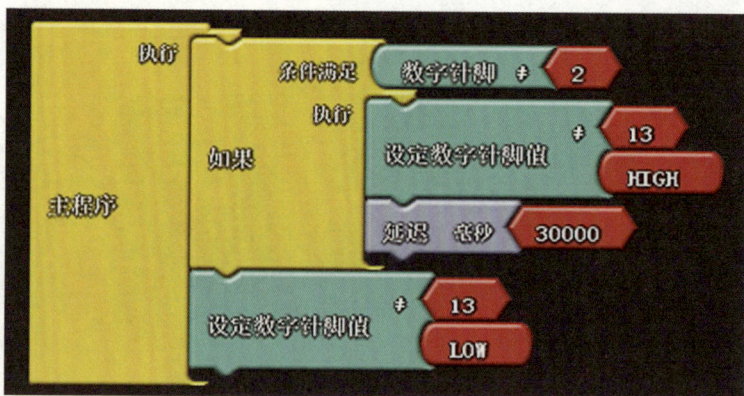

图 3-3-3　声控延时灯程序

90

三、光敏电阻传感器

光敏电阻传感器又名光线传感器、光电传感器等（图 3-3-4）。它的敏感元器件是光敏电阻，光敏电阻有光线越强电阻越小的特点。光敏电阻传感器就是利用光敏电阻的这个特点，加上比较器、电阻等其他元器件和集成电路芯片设计出来的。它也有 VCC、GND 和 Do（或 OUT、DOUT 等），连接 Arduino UNO 的方法也同声音传感器。一般光敏电阻传感器也会有一个电位器设置阈值，但超过阈值时的输出值对于单片机是 0 还是 1，不同厂家仍然是不尽相同的，因此，拿到光敏电阻传感器后仍要自己测试。测试方法可以参考声音传感器的测试方法，只是测试时不再是对着光敏电阻吹气而是用手遮住或不遮住光敏电阻。

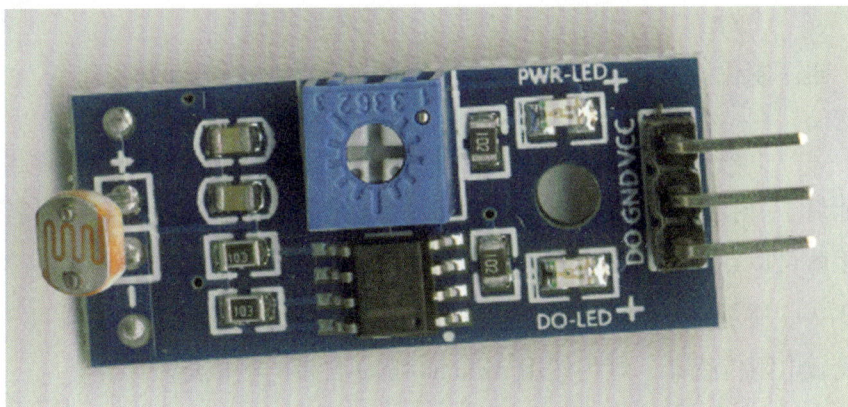

图 3-3-4　光敏电阻传感器

小夜灯是非常常见的，它可以为我们在深夜带来点点光辉（图 3-3-5）。我们现在用光敏电阻传感器来制作小夜灯。这里所用光敏电阻传感器为光线暗时输出 1，输入端口仍然选择数字 2 端口。编程方法参考图 3-3-2 的测试程序。

图 3-3-5　小夜灯

四、制作智能楼道灯

学习了声音传感器和光敏电阻传感器后，我们就可以制作楼道里的智能灯了。智能楼道灯一般要求白天无论怎么拍手都不点亮，到了晚上，拍手就可以点亮并延时一段时间后熄灭。这里要求点亮 30s。参考程序如图 3-3-6 所示。Arduino UNO 数字端口 2 连接声音传感器，数字端口 3 连接光敏电阻传感器，灯仍然用 Arduino UNO 自带的测试灯。

在图 3-3-6 中，我们用了两个"如果"模块，使程序变得很复杂，下面将介绍简化版程序。在 ArduBlock 中有两种运算（图 3-3-7），写着"且"的叫"与运算"，写着"或者"的叫"或运算"。"与运算"与我们熟悉的乘法类似，1 和 1 与得 1；1 和 0 与、0 和 1 与都得 0，简单说就是全 1 得 1，有 0 得 0。"或运算"是 0 和 0 相或得 0；1 和 0 或、0 和 1 或都得 1，简单说就是有 1 得 1，全 0 得 0。

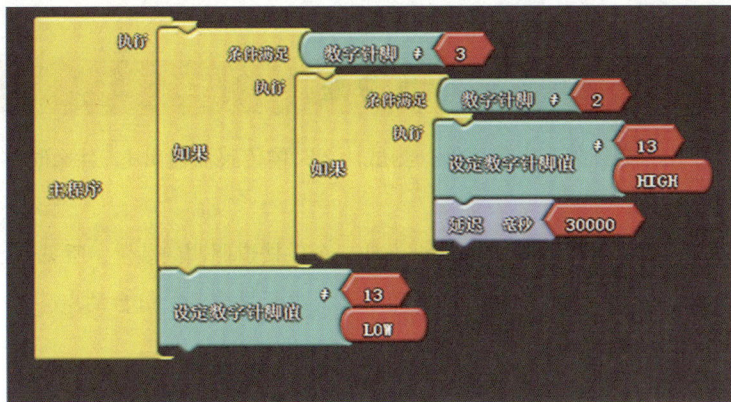

图 3-3-6　制作智能楼道灯程序（1）

图 3-3-7　与运算和或运算

　　根据智能楼道灯的要求，有声音和天黑应该是同时满足的，因此，应该用"且"，也就是与运算。改写的程序如图 3-3-8 所示。

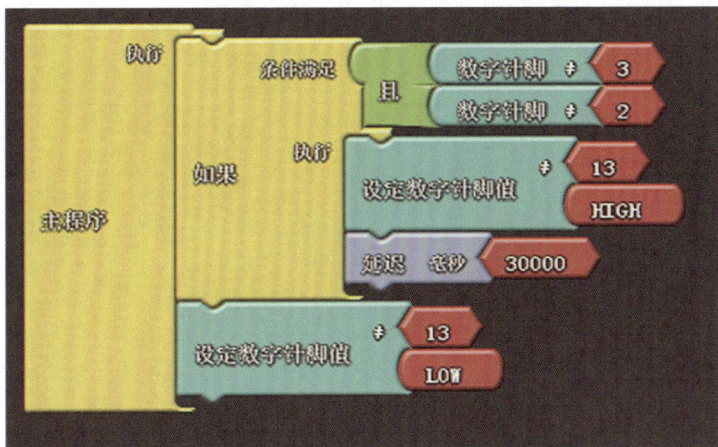

图 3-3-8　制作智能楼道灯参考程序（2）

练习题

1. 找一个红外光电传感器，测试什么时候传感器输出 1，什么时候传感器输出 0。

2. 利用声音传感器和 LED 灯设计一个供楼道照明的装置，听见声音，灯自动点亮，一段时间后，灯自动熄灭，再听见声音，灯自动点亮 ……这个过程无限循环。

　　我们前面学习的 Arduino 数字端口只认识 0 和 1 这两个数字，或者说只认识 0V 和 5V，但我们现实生活中恰好 0V 和 5V 的示例并不多，更多的是其他的电压值，如 1 节干电池的电压是 1.5V，锂离子电池电压是 3.7V 等，那 Arduino UNO 能不能检测这些电压值呢？答案是肯定的。

一、Arduino UNO 的数字口和模拟口

　　Arduino UNO 有 14 个数字口（D0~D13），这些数字口只能认识两个数 0 和 1 这两个数字，或者说只认识 0V 和 5V，如果输入的不是这两个电压，它会按照一定规则把它归成 0 或者 1，如 0.5V，一般情况下 Arduino UNO 认为是 0，而 3V，Arduino UNO 认为是 1。因此，我们想让数字口识别 3.3V 是不行的。为了解决这个问题，Arduino UNO 设置了模拟口，它们就是板子上的 A0~A5 六个针脚。这六个针脚可以"认识"外部 0~5V 直流电压，它们可以达到 10 位精度（0~1023），也就是 0~5V 之间的电压输入后，单片机会识别成 0~1023 之间的某个值。

二、使用串口监视器在电脑上显示模拟口输入的值

　　模拟口虽然可以输入 0~5V 电压，但具体是多少，我们人是看不到的，如果想看到就需要把它转换为人类可以看懂的语言。串口监视器（Serial Monitor）是一种简单的让人看到从 Arduino UNO 发来的数据的方法，它也是调试程序的好工具。要想用串口输出，需要用到图 3-4-1 的模块，这里

的"message"模块可有可无，一般我们会把 message 变成其他的字符串做指示，当测量值是温度时我们常把它改成 tem。如果要输出模拟传感器输入的值，则需要"和模拟量结合"模块和相应的模拟针脚；如果要输出数字传感器输入的值，则选择"和数字量结合"模块和相应的数字针脚，具体可参考图 3-4-2。

图 3-4-1　串口输出模块

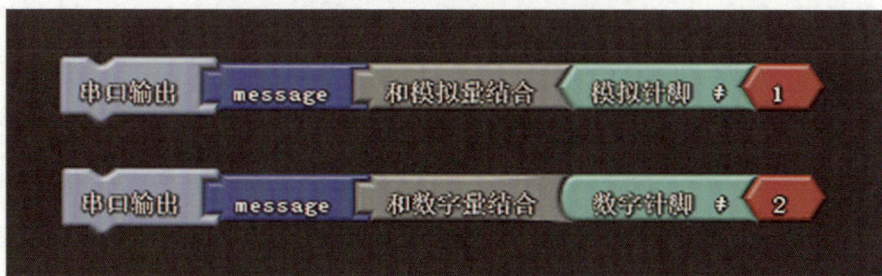

图 3-4-2　串口输出编程示例

下面做一个具体的实验来演示串口监视器显示模拟口输入的模拟量的方法。首先搭接电路，原理图和实物 3D 图如图 3-4-3 和图 3-4-4 所示。A0 口输入的是光敏电阻和 10kΩ 电阻之间点的电压值，当遮住光敏电阻后，由于光敏电阻的阻值变大，导致 A0 口输入的值变小；反之，当用强光照射光敏电阻时，

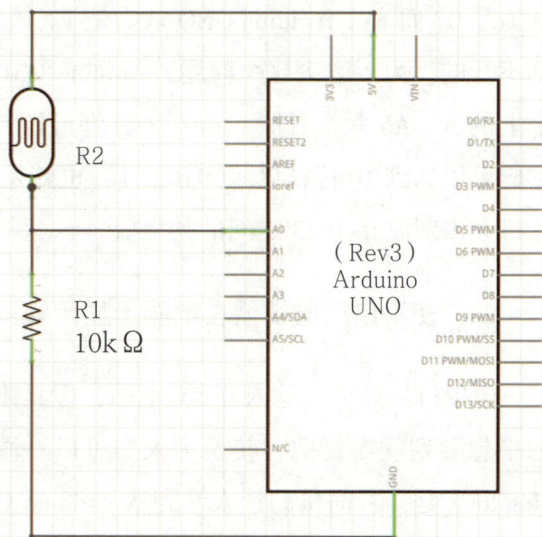

图 3-4-3　测试原理图

光敏电阻阻值变小，导致 A0 输入值变大。

图 3-4-4　测试 3D 图

搭接好电路后，按照图 3-4-5 编写程序，延时 1s 是为了让测的值变化慢一些从而看得更清楚。由于测的值与光照有关，因此我们把"message"改成"light"，然后下载程序。

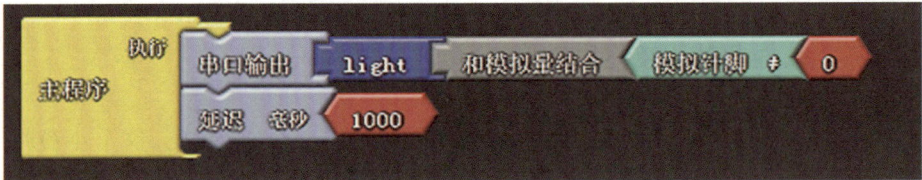

图 3-4-5　串口输出程序

下载完成后我们没有看出任何变化。下面在 Arduino IDE Tools 工具栏中找到"Serial Monitor"并单击，从而进入串口监视器，如图 3-4-6 所示。

97

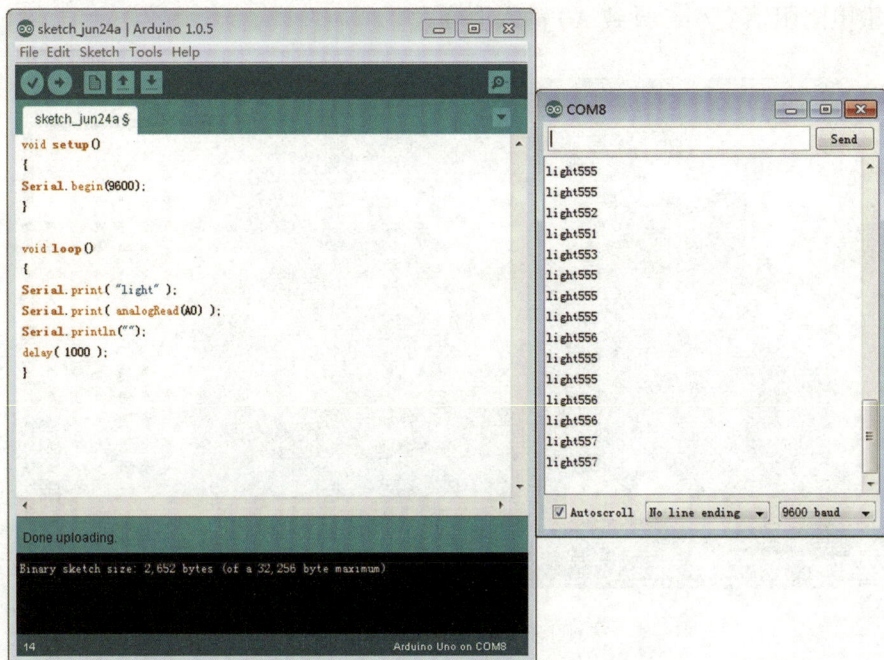

图 3-4-6　Arduino IDE 和串口监视器

这时，当我们用手遮挡光敏电阻时，发现串口监视器中的值变小，手移开，值又变大。

三、软件调节小夜灯灵敏度

在上一节中，我们用光敏电阻传感器制作了一个小夜灯，这个小夜灯调节灵敏度需要调节特定的电位器，不是很方便。学习了 Arduino UNO 的模拟口输入以后，就可以用模拟口输入，从而用软件调节小夜灯的灵敏度。电路仍然按照图 3-4-4 的方法连接，小夜灯的灯就使用 UNO 自带的测试灯。首先用图 3-4-6 实验得出合适的临界值，这里取 102，然后编写程序，如图 3-4-7 所示。可以从串口监视器中看到，当值大于或等于 102 时，UNO 自带的测试灯不点亮；当值小于 102 时，测试灯点亮。当我们需要修改临界值时，只需要把 102 换成其他值重新下载即可。

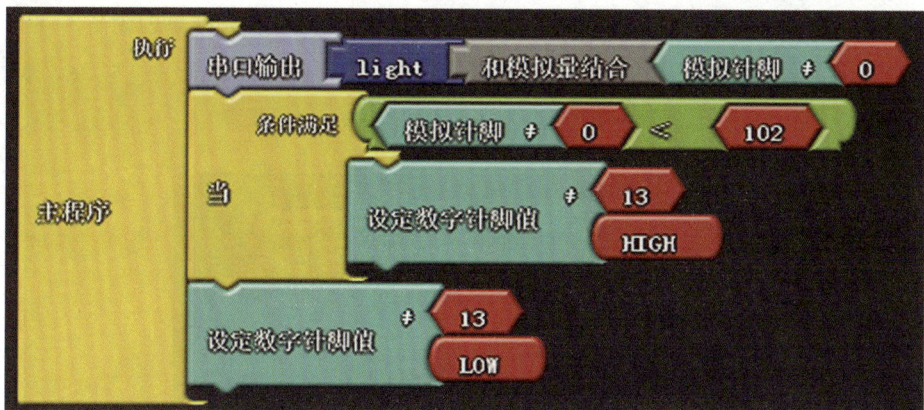

图 3-4-7 小夜灯程序

四、传感器的模拟量输出

拥有模拟量输出的传感器有很多，像我们上节讲到的声音传感器和光敏电阻传感器（图 3-4-8），它们有的会有四个针脚，包括 VCC、GND、Do 和 Ao，Ao 针脚输出的就是模拟量，可以被 Arduino UNO 的模拟口读取。

图 3-4-8 声音传感器和光敏电阻传感器的模拟针脚

五、Arduino UNO 的模拟输出

Arduino UNO 不仅可以输入 0~5V 的模拟信号，还可以输出 0~5V 的模拟信号。Arduino UNO 是通过 PWM（脉冲宽度调制）实现输出 0~5V 的。PWM 是利用微处理器的数字输出来对模拟电路进行控制的一种非常有效的技术，广泛应用于测量、通信、功率控制与变换等许多领域。我们这里可以利用它来控制 LED 的亮暗程度和电动机的转速。Arduino UNO 有 6 个数字针脚（3、5、6、9、10、11）支持 PWM 信号，在 Arduino UNO 板子

上相应端口前会以 "~" 或 "#" 标示。在 ArduBlock 中，可以使用图 3-4-9 所示的模块设置模拟针脚值。使用时需要注意针脚只能选取 3、5、6、9、10、11 中的一个，而可以设置的值范围为 0~255。

图 3-4-9　设定模拟针脚值模块

练习题

1. 制作一个呼吸灯，使某个 LED 逐渐变亮再逐渐变暗，不断循环往复。

2. 制作一个智能灯，使其随着屋内光线变暗，灯逐渐变亮。请使用 Arduino UNO、带 Ao 口的光敏电阻传感器和发光二极管等完成这个任务。

第五节
温控电扇

一、温度传感器

温度传感器就是测量温度的传感器，Arduino 爱好者常用的温度传感器主要有热敏电阻温度传感器（图 3-5-1）、DS18B20 温度传感器（图 3-5-2）、DHT 11 温湿度传感器（图 3-5-3）、LM35 温度传感器（图 3-5-4）等几种。其中热敏电阻温度传感器是一种定性的传感器，它很难得出具体的温度值，使用方法同光敏电阻传感器，只不过这里的热敏电阻传感器是测量温度的而不是测光照的。DS18B20 温度传感器和 DHT 11 温湿度传感器都是单总线传感器，DHT 11 温湿度传感器不仅可以测量温度，还可以测量湿度。因为单总线传输对初学者理解起来较难，所以一般爱好者使用时都是直接调用相应的程序库。LM 35 温度传感器是由 National Semiconductor 所生产的温度感测器，其输出电压与摄氏温标呈线性关系，0℃ 时输出为 0V，温度每升高 1℃，输出电压增加 10mV。LM 35 温度传感器有很多不同的封装和型号。图 3-5-4 的 LM35DZ 是 TO-92 封装，测温范围为 0~100℃。

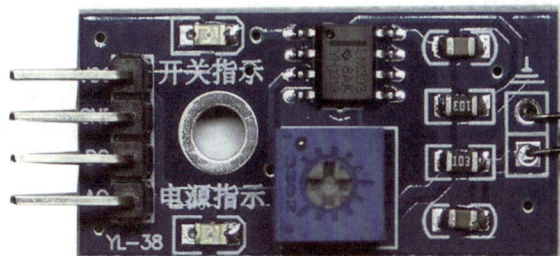

图 3-5-1 热敏电阻温度传感器

图 3-5-2 DS18B20 温度传感器

第三单元 简单数字传感器和简单模拟传感器的使用

101

图 3-5-3　DHT11 温湿度传感器

图 3-5-4　LM35 温度传感器

二、LM35 温度传感器的使用

　　TO 92 封装的 LM35 温度传感器各引脚功能如图 3-5-5 所示，与 Arduino UNO 连接如图 3-5-6 所示。由于 LM35 温度传感器输出针脚输出的电压与温度成正比，因此，用 Arduino UNO 的模拟口检测 LM35 温度传感器输出针脚的电压，在经过数学计算即可得出摄氏温度值，公式为 temp=reading × 0.0048828125 × 100。temp 代表摄氏温度，reading 代表相应模拟口输出的电压。用串口监视器输出程序如图 3-5-7 所示。

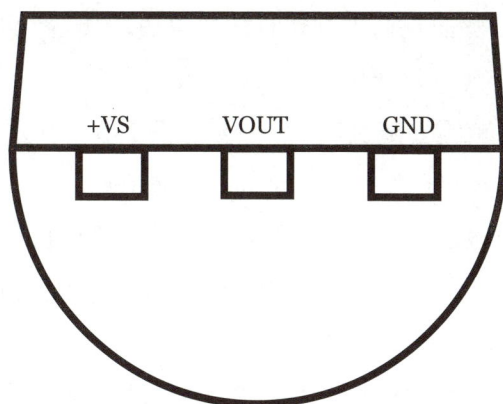

图 3-5-5　LM35 温度传感器引脚图

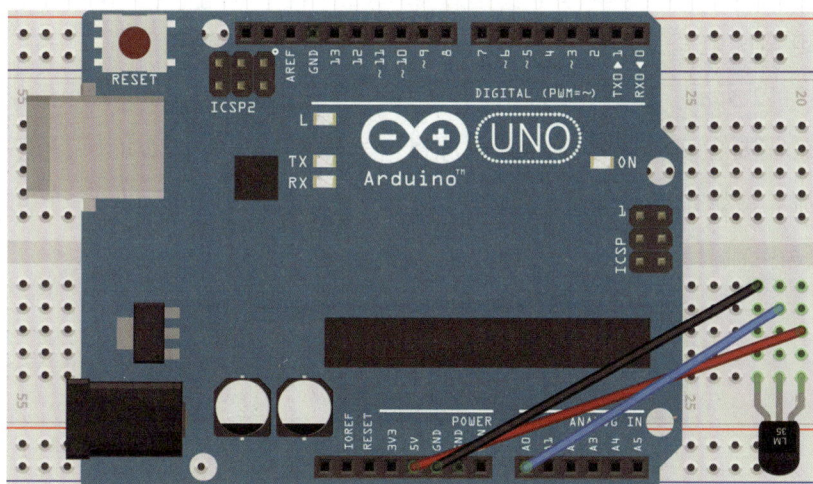

图 3-5-6　LM35 温度传感器与 Arduino UNO 的 3D 连接图

图 3-5-7　LM35 温度传感器串口监视器输出程序

三、制作吹自然风的电扇

电扇一般都有"自然风"一挡,"自然风"就像自然界吹出的风时大时小,让人感觉很舒服。下面我们来制作自然风电扇。"电扇"实际上就是一个电动机带动扇叶旋转，要产生"自然风"就是要让旋转的速度时快时慢，并且没有规律。这就需要随机产生一个数，图 3-5-8 所示的模块可以完成这个任务，它可以随机产生一个 0 至 num-1 的整数，num 表示所显示的数字，用户可以自己设定。产生了随机数后，就需要把它转换为电动机的转速，并利用 PWM 技术控制电动机的转速，PWM 的取值范围是 0~255，一般需要设定一个电动机的最低转速，因此这里取 40~255。我们设定随机数模块是 1024，也就是可以产生 0~1023 的整数，我们需要把 0~1023 的数对应到 40~255 的范围，这就要用到了一个新的模块——映射模块，如图 3-5-9 所示。映射模块经常用来把一个范围内的数变到另一个范围。自然风电扇的电路原理图、3D 连接图和程序图如图 3-5-10、图 3-5-11 和图 3-5-12 所示。注意，电脑 USB 接口一般只能提供 500mA 大小的电流，这时就需要在实验时连接外部电源供电，即使是有的 USB 能够提供 1.5A 的电流，最好也连接外部电源，因为当电动机被强制不转动时往往可以超过 1.5A 电流。

图 3-5-8　随机数模块

图 3-5-9　映射模块

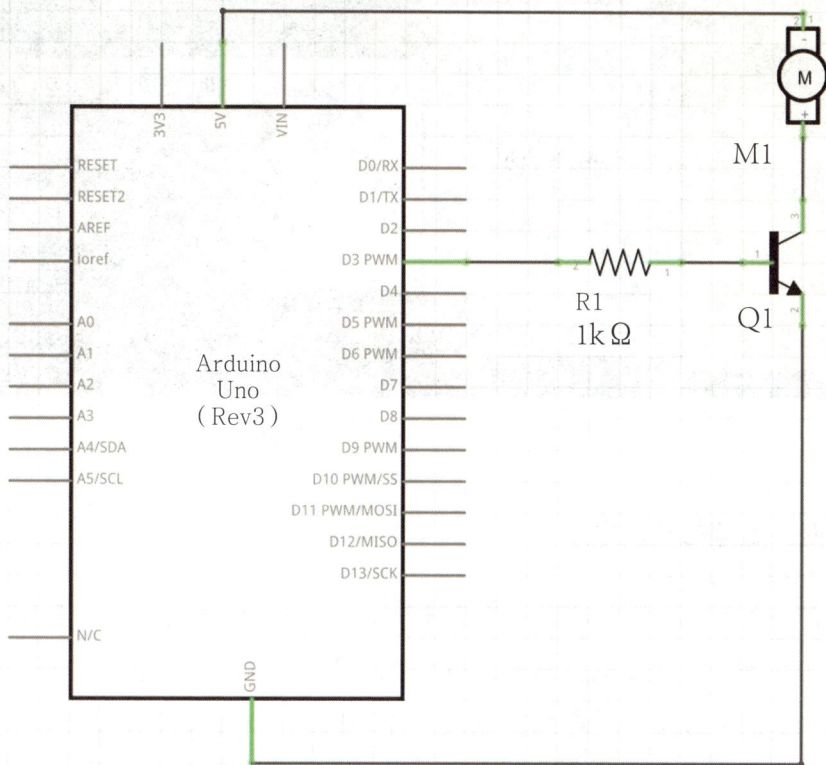

图 3-5-10　自然风电扇电路原理图

图 3-5-11　自然风电扇电路 3D 连接图

图 3-5-12　自然风电扇电路程序

四、温控自然风电扇

有了之前的准备，我们就可以制作分挡的温控自然风程序。要求温度低于 28℃时产生较小的自然风，当大于或等于 28℃时产生较大的自然风。这里用 LM35 温度传感器测量温度。原理图和 3D 连接图参照图 3-5-6、图 3-5-10、图 3-5-11 自行设计。程序参考图 3-5-13。

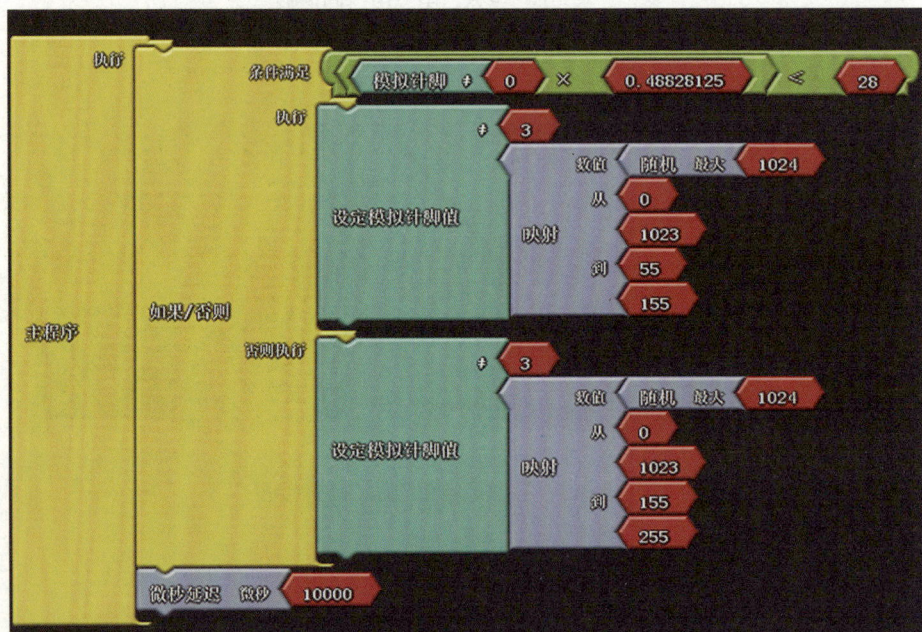

图 3-5-13　分挡自然风电扇程序

制作一个自然风电扇，要求分温度低于 26℃，26~30℃（不含），高于 30℃三挡，风扇转速由低挡到高挡转速逐渐增大。

第三单元　简单数字传感器和简单模拟传感器的使用

参 考 文 献

［1］谢作如,张禄等.Arduino 创意机器人入门.北京:人民邮电出版社,2016.

［2］[美]Simon Monk.基于 Arduino 的趣味电子制作.吴兰臻,郑海昕,王天祥,译.北京:科学出版社,2011.

［3］杨佩璐,任昱衡.Arduino 入门很简单.北京:清华大学出版社,2015.

［4］杨欣,王玉凤,刘湘黔.51 单片机应用从零开始.北京:清华大学出版社,2008.

［5］周宝善.经典电子设计与实践 DIY——无线电科技活动辅导用书.北京:人民邮电出版社,2008.

［6］孙可,张振国.零基础 Arduino 智能控制入门.北京:人民邮电出版社,2016.

［7］宋楠,韩广义.Arduino 开发从零开始学——学电子的都玩这个.北京:清华大学出版社,2014.

［8］成皓.我是电子小技师:电子科技实践入门.北京:北京师范大学出版社,2009.

［9］沈长生.电子技术入门.北京:人民邮电出版社,2007.

［10］沈长生.常用电子元器件使用技巧.北京:机械工业出版社,2010.

［11］张云翼,毛峰.快乐动手做——科技小制作.武汉:武汉大学出版社,2014.